避難指示等区域の概念図 1

2011（平成23）年3月15日
福島第一原発の半径20km から30km 圏内に屋内退避指示

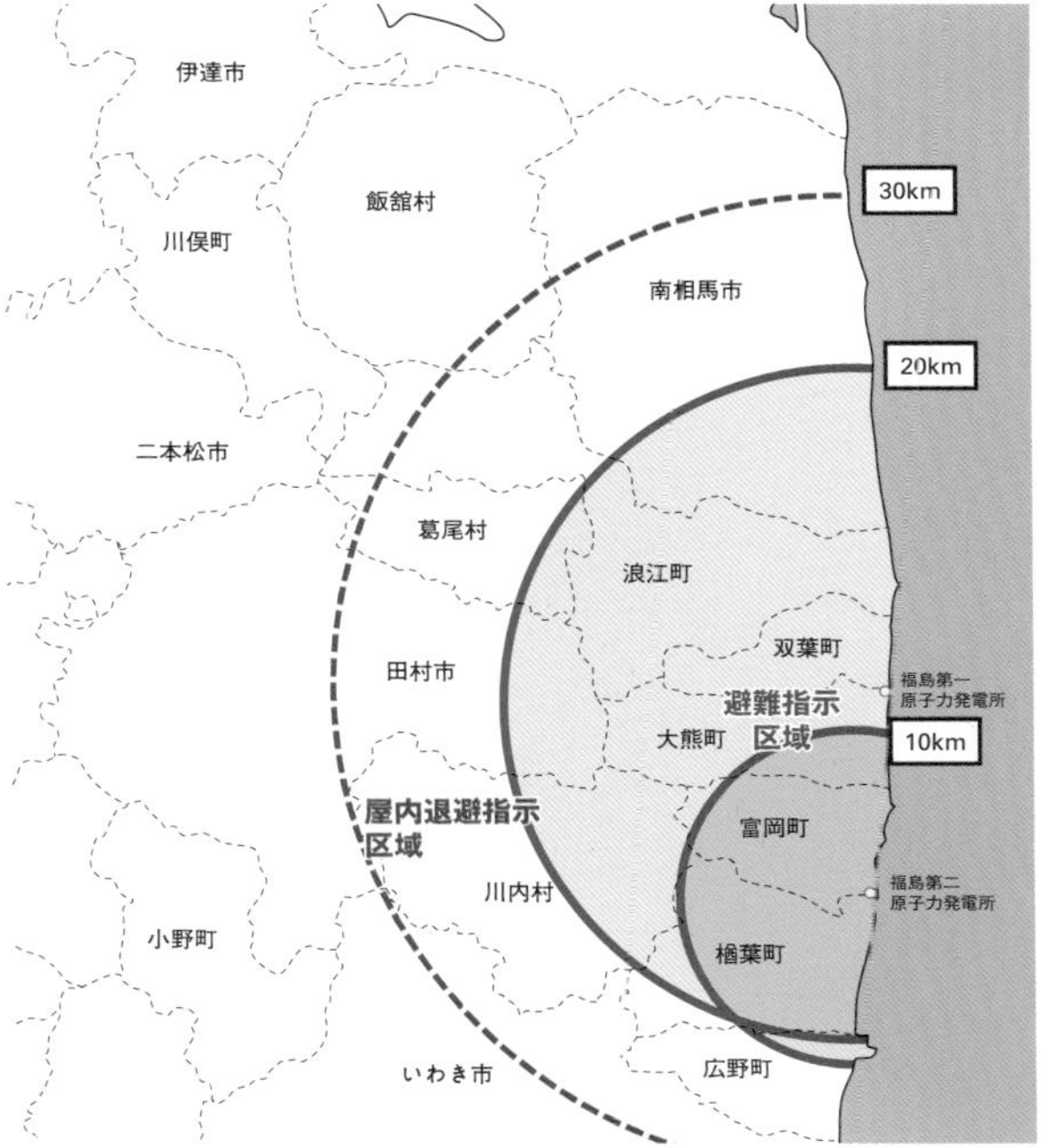

出所：福島県ウェブサイト「避難指示の経緯」をもとに作成
(https://www.pref.fukushima.lg.jp/uploaded/attachment/254764.pdf)

避難指示等区域の概念図 2

2011（平成23）年4月22日の区域指定
（半径20km 圏内は、警戒区域と退避指示区域が重複して設定されている）

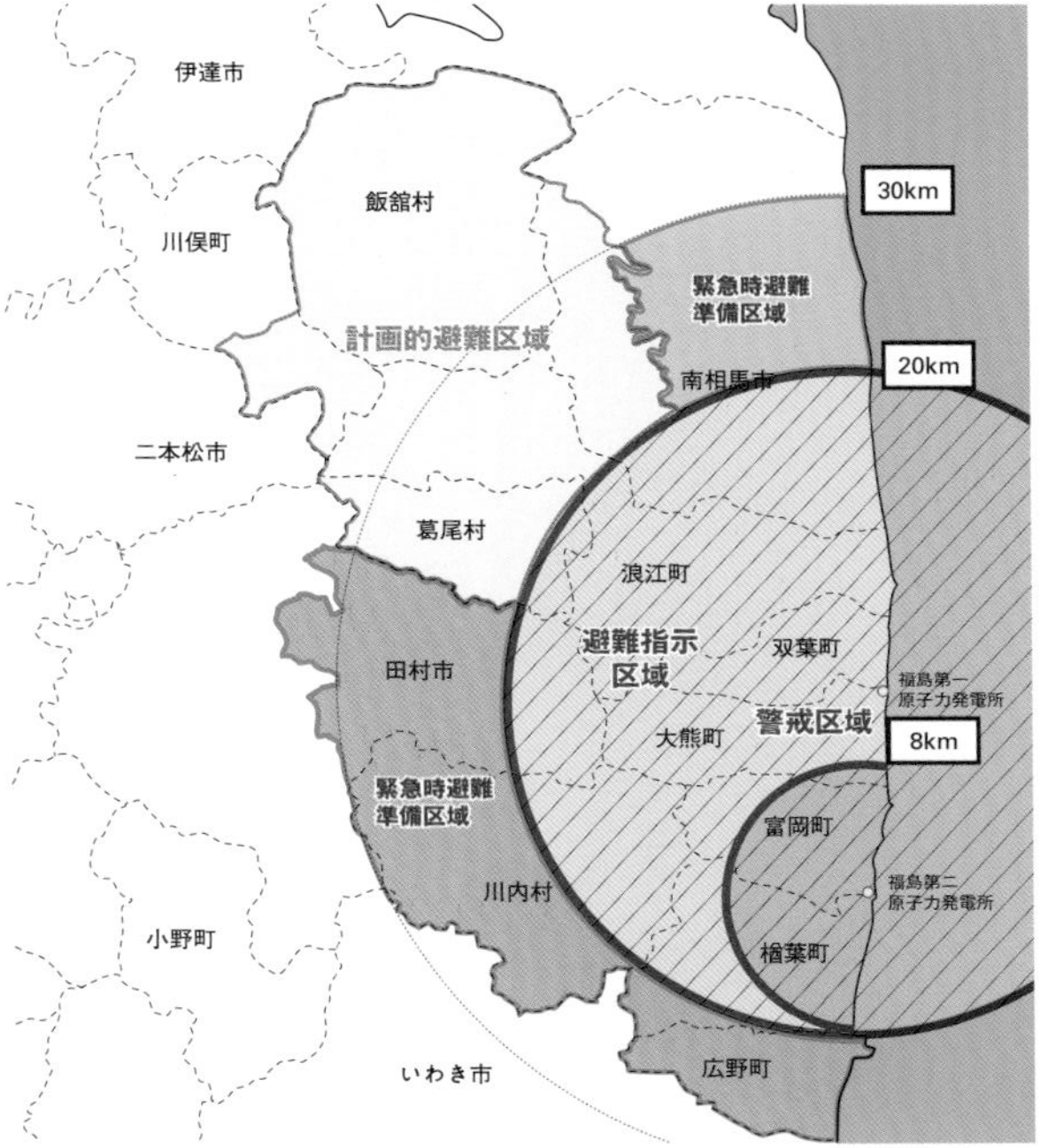

出所：概念図1と同じ。

避難指示区域の概念図

2013（平成25）年5月28日～　双葉町　区域見直し後

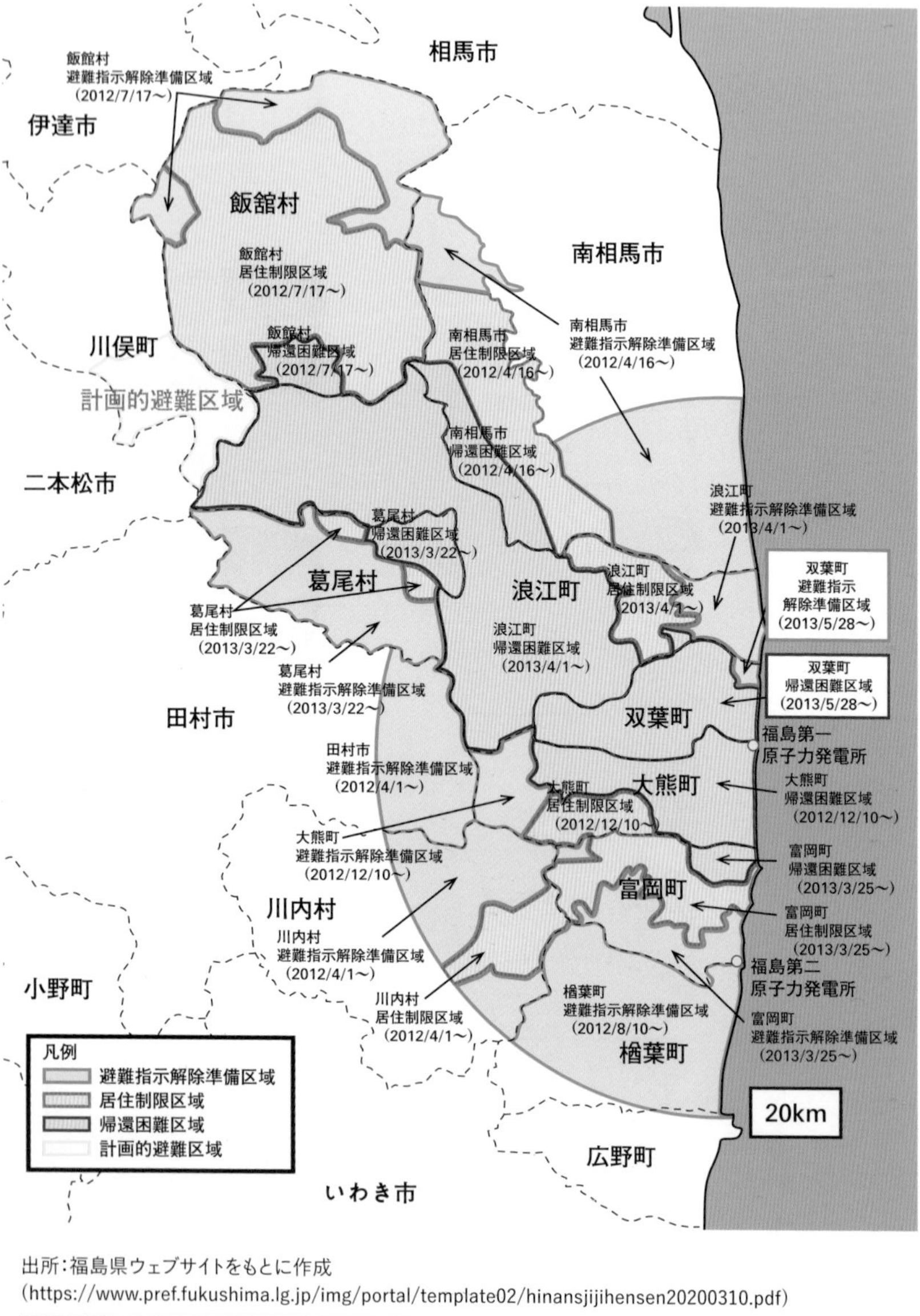

出所：福島県ウェブサイトをもとに作成
（https://www.pref.fukushima.lg.jp/img/portal/template02/hinansjijihensen20200310.pdf）

ノーモア原発公害

最高裁判決と国の責任を問う

吉村良一
寺西俊一
関　礼子
編

旬報社

はしがき

最高裁の二〇二二（令和四）年六月一七日判決は、東日本大震災を契機に発生した東京電力福島第一原発事故に関し、国には責任はないとしました（責任を認めるべきだとする反対意見があるので、責任がないとした裁判官三名に対し責任があるとした裁判官一名の多数決による結論）。この判決は、国の原発政策に過度に配慮した結論ありきのものです。そして、本書の各章が分析しているように、事故発生が予測できたのか、できたとすれば、どのような対策をとるように東京電力に命ずべきであったのか、そもそも、原発の安全性確保のための原子力安全行政のあり方はどうあるべきであったのかといった、本来、判断を示すべき点についての検討を「スルー」してしまっています。また、水俣病訴訟やアスベスト訴訟などにおいて示されてきたこれまでの最高裁の判例とも相いれないものです。

この判決後、それまで、高等裁判所や地方裁判所において、国の責任を認める判決が多数言い渡されてきたにもかかわらず、最高裁多数意見の判決理由を、あたかも「コピペ」したような理由付けで国の責任を否定する判決が相次いでいます。さらに重大なことは、この最高裁判決が、過去の原発政策における国の責任を免罪するだけではなく、今後の原発推進政策に「お墨付き」を与えるものとなっていることです。現に、岸田政権は、二〇二三年五月に、「グリーントランスフォーメーション（GX）」（「脱炭素社会」への移行）の名の下に、国を挙げた原発救済&再推進の関連法を制定し、同時に、原発の再稼働、老朽化した原発の延命等の政策を推進しています。岸田首相は、原子力を「GX」を進める上で不可欠な脱炭素エネルギー」であると述べています。また、福島第一原発の敷地に保管されている汚染水（いわゆる「ALPS処理水」）の海洋放出も、二〇二三年八月に開始されました。

二〇二四年元日に、能登地方で地震が発生し、大きな被害を出しています。周知のように、能登半島の志賀町には北陸電力の志賀原発があります。また、能登半島先端の珠洲市にも原発を設置する計画がありました。幸い、志賀原発は停止中であり、様々な不具合が発生したものの、福島のような大事故は免れました。また、珠洲市の原発計画は中止されていました。この地震では、数メートルの地盤の隆起などが発生していますが、もし、原発の敷地でこのような現象が生じた場合、原発施設にそれに耐える安全性はありません。また、地元の住民の避難が困難を極めるであろうことも明白になりました。

福島第一原発で二〇一一年に発生したような重大かつ深刻な事故は二度と繰り返してはなりません（「ノーモア原発公害」）。福島で生じた事態は、広範囲にわたる放射性物質汚染であり、新しいタイプの「公害」です）。あらためて、原発の安全性や原発推進政策を見直さなければなりません。そして、そのためには、六月一七日の最高裁判決の克服が不可欠なのです。

本書は、この問題に関心を有する専門家が、六月一七日最高裁判決の問題性や、その克服の必要性、さらには今後の原発政策のあり方について、それぞれの立場から論じたものです。

この問題に関心を持つ一般読者にも分かりやすい記述に留意するとともに、各章の末尾に、読者の皆さんがより深くこの問題を考えるための参考文献をあげました。この問題に関心のある方に本書が広く読まれ、福島原発事故のような重大な事故を起こさないためには何が必要かを考えていただければ幸いです。

二〇二四年二月　能登半島地震から一か月の日に編者を代表して

吉村良一

ノーモア原発公害

最高裁判決と国の責任を問う

目次

序章

六・一七最高裁判決の問題点

——それをもたらしたものと、それがもたらしたもの

吉村良一

1 原発事故で国の責任が問われるのはなぜか

東京電力福島第一原子力発電所（以下、原発と略します）の事故により発生した被害の補償を求める訴訟の多くでは、東京電力（以下、東電と略します）に加えて国の責任が問題となっています。それはなぜなのでしょうか。

現代社会では、様々な危険な活動や施設が増加し、そこから深刻な被害が発生することも稀ではありません。工場の排水による健康被害、工場や火力発電所などからの排煙による被害、薬の副作用による被害、食中毒事件、労働現場での労働者の生命・健康被害などです。これらの事件では、国や自治体（以下、国と略します）の責任が問われています。様々な危険な活動や施設が増加するのにともない、その安全性を確保し国民の生命や健康、暮らしを守るうえで国が果たすべき役割は大きくなってきたからです。

法律は、公害・環境行政、労働安全行政、薬事行政、食品安全行政といった、国民の命と健康に関わる分野で、国に様々な権限（施設の設置や稼働に対して許可を求めたり改善を命じたり、場合によれば稼働を中止するよう命じたりといった権限＝規制権限）を与えています。それにもかかわらず、国が適切な時期に適切な規制を行わなかったりした場合に、その責任が問われるのです。

福島原発事故で問われている国の責任も、基本的にはこれらと同じです。国が過酷事故（炉心温度が上昇し、炉心溶融や原子炉格納容器などの破損が起こる事故）の発生を予測できたのに、原発の安全性に関する権限を適切に行使しなかった場合に（電力事業者とならんで）賠償責任を負うことになります。しかし、原発は、その危険性の大きさ、あるいはまた、事故が起こった場合に生じる被害の深刻さの点では、他に類を見ないものです。したがって、このような危険な原発については、電力事業者だけではなく、国もその安全確保に積極的に関わる必要があります。原子力安全行政は、「万が一にも」過酷事故が起こらないようにしなければならないものなのです。

事故後、原発（福井の大飯原発）稼働の差止めを命じた二〇一四（平成二六）年五月二一日の福井地裁判決は、「かような事態を招く具体的危険性が万が一でもあれば、その差止めが認められるのは当然である」（傍点は筆者による。以下同じ）と述べていますが、福島原発事故を経験した後の裁判所の判断としては、当然ではないでしょうか。そして、この「万が一」にも過酷事故が起こらないようにするのが原子力安全規制の基本であることは、事故前から、最高裁が言っていたのです。四国の伊方原発設置許可に関する一九九二（平成四）年一〇月二九日の最高裁判決は、（差止めそのものは否定しましたが）原子炉等の規制は、「原子炉施設の安全性が確保されないときは、当該原子炉施設の従業員やその周辺住民等の生命、身体に重大な危害を及ぼし、周辺の環境を放射能によって汚染するなど、深刻な災害を引き起こすおそれがあることにかんがみ、右災害が万が一にも起こらないようにするため」のものだと述べているのです。

さらに原発の特徴は、その導入が、「原子力の平和利用」の名のもとに、国の政策として行われ、その後も、国のエネルギー政策の中で運用されてきたことにあります。いわゆる「国策民営」として原子力発電所は導入され、推進されてきたのです。このような国の積極的なかかわりは、当然のことながら、その安全性確保に対する国の重い責任を導き出すものとなります。このような点を踏まえて、本件事故における国の責任が論じられるべきです。

2 論理破綻したいわき市民訴訟仙台高裁判決

(1) いわき市民訴訟高裁判決の矛盾をはらんだ論理

福島第一原発の事故以後、少なくない判決が、国の責任を認めてきました。高等裁判所のもので言えば、例えば、二〇二〇(令和二)年九月三〇日の仙台高裁判決は、遅くとも二〇〇二(平成一四)年末頃までには福島第一原発の敷地の高さを超える津波が来る可能性について認識できたと認めました。そして、命令を発すれば事故を回避できたにもかかわらず規制権限を行使しなかったことは、「著しく合理性を欠く」として、国の責任を認めました。

ところが、福島県いわき市に住む人たちが東電と国の責任を追及した「いわき市民訴訟」の控訴審である二〇二三(令和五)年三月一〇日の仙台高裁判決は、国の責任を認めませんでした。なぜ国の責任を否定したのでしょうか。国には津波によって福島第一原発の敷地を超える浸水があり、原子炉を冷却するための電源が失われるおそれがあることが予測できないとしたからでしょうか。あるいは、国には、事故を防止するための措置をとることを東電に命ずる権限がないと考えたからでしょうか。実はそうではありません。

仙台高裁は、「平成一四年末までには、福島第一原発の敷地高を越える……津波を想定することは十分に可能であった」としています。そして、「経済産業大臣が適時適切に規制権限を行使していれば、本件津波によって福島第一原発が炉心溶融を起こして水素爆発するなどという重大事故が起きなかった可能性は相当程度高かったと認められるのであり、安全対策を講じさせるべき規制権限の行使を8年にわたり怠った国の責任も重大である」と言っています。しかし、それにもかかわらず、「津波の想定や想定される津波に対する防護措置について幅のある可能性があり、とられる防護措置の内容によっては、必ず本件津波に対して施設の浸水を防ぐことができ、全電源を失って炉心溶融を起こす重大事故を防ぐことができたはずであると断定することまではできない」と述べて、結論としては、国の責任を否定したのです。

仙台高裁は、国は事故発生が予測でき、事故を防ぐために権限を行使すべきであったとしたのに、規制権限を行使したとしても事故発生の可能性が残るので国には責任がないとしました。しかし、これは、第一節で述べた、原子力発電所の安全規制は「万が一」にも過酷事故が起こらないようにしなければならないという、原子力安全に関する規制のあり方についての考え方を覆すものにほかなりません。

（2）いわき市民訴訟高裁判決の論理が意味するもの

国が権限を適切に行使すれば重大事故が起きなかった「相当程度高い可能性」があるのに、それをしなかったことは違法ではないというのは、およそ理解しがたい判断です。このような判断は、論理的には、次のいずれかの帰結をもたらすことになります。原子力安全行政は、本来、本件のような重大事故が「万が一」にも起こらないようにすべきものです。しかし、国が権限を行使しても本件のような事故を防げない可能性が（相当な程度）あるということは、結局のところ、原子力安全行政のあり方には限界ないし重大な弱点があることを認めたことになります。そしてそのことは、ひいては、そのような危険性を残しながら原子力発電所を設置し稼働することを認めてきたことそのものに問題があることを示しているのではないでしょうか。なぜなら、それは、権限を行使しても重大事故を防げないにもかかわらず、漫然と原子力発電所を設置し稼働させていることを意味するからです。このように考えれば、最終的には、原発の稼働をやめるべきであるという考え方に帰着するのではないでしょうか。

もう一つ考えられるのは、必ず事故が起こらないとは断定できない点で原子力行政には限界があるが、その結果として被害が発生したとしても仕方がない、せいぜい発生した被害を原子力損害賠償法（原賠法）に基づく無過失責任として事業者が賠償し、国がそれを支援すればそれで良いという考え方です。しかし、原賠法に基づく賠償でことが足りるというのは、被害の実態からするとあまりにもかけ離れた議論です。

福島事故の経験を踏まえるならば、前者の帰結、つまり権限を行使しても今回のような事故を防げない可能性が相当な程度あるのであれば、そもそも、原発の設置稼働をやめるべきであるという考え方の方が適切なものだと思われます。もしかりに(百歩ゆずって)、それが社会経済的あるいは政治的に適切でないと考えるとしても、そうであるならばこそ、少なくとも重大な事故が発生しないように万全の措置を取った原子力安全行政が求められるのではないでしょうか。そのことに対して、「いや、それは出来ないんだ」と言うことは大変重大な問題です。それは、福島のような事故を二度と繰り返さない(「ノーモア原発公害」)という立場からすれば到底容認できないものです。仙台高裁判決の論旨は、このような問題を提示していることになります。

それではなぜ、仙台高裁が、このような結論にいたったのでしょうか。それは、最高裁が、二〇二二(令和四)年六月一七日の判決(以下、六・一七最判と略します)で国の責任を認めなかった以上、それには逆らえない(あるいは、それを忖度しなければならない)という考慮が、仙台高裁の裁判官に働いたからではないかと推察されます。仙台高裁が扱ったのは、最高裁で判断が下されたのとは別の訴訟ですから、最高裁判決にも関わらず国の責任を認めることは、裁判の独立という点から見て何ら問題のないところです。しかし、どうやら仙台高裁の裁判官はそう考えなかったようです。そこで、最後のところで、前述したような、理論的にも、あるいは社会的にも極めて問題のある理屈で責任を否定したわけです。

それでは、六・一七最判とはどのようなものであったのでしょうか。次節で、それを検討したいと思います（なお、最高裁判決の問題点は、第1、2、3章で詳しく検討されます）。

3　六・一七最判の問題点

(1)　六・一七最判の考え方

最高裁は、経済産業大臣が、「津波による本件発電所の事故を防ぐための適切な措置を講ずることを東京電力に義務付けていた場合には……想定される最大の津波が本件発電所に到来しても本件敷地への海水の浸入を防ぐことができるように設計された防潮堤等を設置するという措置が講じられた蓋然性が高い」としました。そのうえで、「敷地の浸水を防ぐことができるものとして設計される防潮堤等は、本件敷地の南東側からの海水の浸入を防ぐことに主眼を置いたものとなる可能性が高く……本件津波の到来に伴って大量の海水が本件敷地に浸入することを防ぐことができるものにはならなかった可能性が高いといわざるを得ない」と言います。そして、結論として、「仮に、経済産業大臣が……津波による本件発電所の事故を防ぐための適切な措置を講ずることを東京電力に義務付け、東京電力がその義務を履行していたとしても、本件津波の到来に伴って大量の海水が本件敷地に浸入することは避けられなかった可能性が高く、その大量の海水が主要建屋の中に浸入し、本件非常用電源設備が浸水によりその機能を失うなどして本件各原子炉施設が電源喪失の事態に陥り、本件事故と同様の事故が発生するに至っていた可能性が相当にあるといわざるを得ない」として、責任を否定したのです。

（２）検討すべき論点を「スルー」した判決

国に責任が認められるかどうかについては、三つのチェックポイントがあります。第一は、被害発生が予測できたかどうかであり、第二は、国にはどんな権限があったか、そして第三が、規制権限を行使したとして被害発生が防止できたのかという問題です。ところが、最高裁は前の二つを実質的にスルーし、（高裁までの事実認定や判断を軽視ないし無視して）回避措置を南東側の防潮堤に絞り、かつ、それが設けられていても、被水を防げなかった「相当の可能性」があるとして責任を否定してしまったのです。したがって、最高裁は、国に義務違反があったのか、規制権限を行使しなかったことが違法なものであったかどうかについては、明確な判断を示していません。ここに、最高裁判決の最も重大な欠陥があります。

（３）最高裁の「二つの顔」

最高裁には「二つの顔」があると言われることがあります。最高裁は、一方では、国民の権利（人権）を擁護する立場から、それを侵害する重大な被害が生じた場合、被害者救済において比較的柔軟かつ積極的な姿勢を示すことがあります。しかし、他方で、憲法九条や安全保障、あるいは、国の政策に関わる事件では、統治機構の一員として、それらを擁護する、あるいは、判断を示さないことによって、それらを是認する傾向が顕著です。

水俣病で国と熊本県の責任を認めた二〇〇四（平成一六）年一〇月一五日判決や、建材に含まれていたアスベスト（石綿）にばく露して肺がん、中皮腫などの重篤な健康被害を受けて建設作業従事者らが訴えた建設アスベスト訴訟に関する二〇二一（令和三）年五月一七日判決などで見せた「顔」は前者だと思われます。これに対し、沖縄・辺野古の埋め立てに関する二〇二三（令和五）年九月四日の判決や、伊方原発訴訟判決以来の原発の設置・稼働をめぐる訴訟において示した、国策としての原子力発電所の差止めを認めないことからうかがえる「顔」は後者と言えるかもしれません。

福島原発事故における国賠訴訟で、果たして最高裁がどちらの「顔」を見せるのかが注目されました。最高裁が、本件での判断が、原発の再稼働問題や今後のエネルギー政策に関わるという認識を持てば、後者の「顔」が見られる恐れがあったわけですが、最高裁は、後者の「顔」を見せたと思われます。この点は、裁判長である菅野博之裁判官の補足意見に端的に示されています。菅野裁判は、「国策として、法令の下で原子力発電事業が行われてきた以上、これによる大規模災害については……損失補償の考え方に準じ、国が補償の任を担うべきであ」るが、「本件事故後、原子力損害賠償支援機構が設立され、同機構を通じて、損害賠償等の資金として、国から東京電力に既に約一〇兆円に上る資金援助がされ、これにより被害者に対する支払等が実行されており、また、国は、復興庁を新設するなどして、被災地域復興のための取組みを進めてきたところである」として、国策としての原子力発電、そして、その事故処理のあり方を全面的に肯定しているのです。

菅野裁判長はまた、「原子力発電は、リスクもあるものの、エネルギー政策、科学技術振興政策等のため必要なものとして、国を挙げて推進したものであって、各電力会社は、いわばその国策に従い……発電用原子炉の設置の許可を受け、国の定める諸基準に従って原子力発電所を建設し、発電用原子炉を維持していた」とも言っています。つまり、多数意見は、本件における国の責任の問題は、原発政策の当否に関わるものとし、「政策的判断」をしたのです（後者の「顔」が前面に出たのです）。

では、被害救済についてはどう考えたのでしょうか。これについては、電力事業者の無過失責任を定めた原子力損害賠償法（原賠法）があり、それに基づいて設けられた原子力損害賠償紛争審査会が定めた指針があって、それに従って東電は賠償を行っており、国がそれを支援している、このようなスキームで基本的な処理はなされている、個別ケースにおいて、これにおさまらないものは訴訟で救済することと自体は否定しないが、それで十分であると考えたのではないでしょうか。

しかし、第4章や第5章で明らかにされるように、原賠法と指針による救済によって事故被害のすべてが補償され被害の完全救済が実現されるという認識は、大きな間違いです。また、本件では、金銭による賠償では回復しない（地域社会と自然の破壊という）被害があります。もちろん、「復興」政策として様々な施策が行われていますが、それはなお不十分です。「復興」や被害救済において国は独自の責任を果たすべきです。国民の健康や生活を守るという国の公的ないし政策的責任のほかに、「国策民営」として原子力発電を推進し、かつ、その安全性に大きな責任と権限を有するという点での国の責任もあります。これらの事実が忘れ去られてはなりません。

ところで最高裁の小法廷は五人の裁判から構成されます（本件を扱った第二小法廷は一人が最高裁長官であり、長官は個別事件の審理には加わらないので四人の裁判官）。以上のような結論は全員一致のものだったのでしょうか。そうではありません。一人の裁判官（三浦守裁判官）は、国の責任を認めるべきであるとの反対意見を述べています。

三浦裁判官は、「遅くとも……平成一五年七月頃までの間に、本件各原子炉施設について、原子炉施設等が津波により損傷を受けるおそれがあると認識することができ、東京電力に対し……命令を発する必要があることを認識することができたものと認められる」とします。そして、「長期評価に基づいて想定される津波に対する措置として、適切な防潮堤等の設置を基本とするにしても……それが完成するまでの間、原子炉施設等が津波により損傷を受けるおそれがあり、本件技術基準に適合しない状態がなお継続することになる。……この場合、重大な災害の発生及び拡大を防止するためには……非常用電源設備の機能の維持が不可欠であり、それが浸水に対し極めて脆弱であることもまた明らかである。防潮堤等の設置が完了するまでの間、このような危険を放置することは、万が一にも深刻な災害が起こらないようにするという法令の趣旨に反するというべきである」と言います。また、「その当時、国内及び国外の原子炉施設において、一定の水密化（防水措置のことです）等の措置が講じられた実績があったことがうかがわれ、扉、開口部及び貫通口等について浸水を防止する技術的な知見が存在していたと考えられる。こうした知見を踏まえ……水密化等の措置を講ずることは十分に可能であっ

た と考えられる」と述べています。

このように詳細に論じたうえで、「経済産業大臣が上記規制権限を行使しなかったことは……著しく合理性を欠くものであって、国家賠償法一条一項の適用上違法であるというべきである」と結論づけているのです。しかも、三浦裁判官は、「上告人（国）は……損害賠償責任を免れない」という、反対意見としては異例の結びを置いています。これは、後続訴訟における裁判官へのメッセージでもあり、現に、三月の仙台高裁も、最後の結論における「どんでん返し」の部分を除けば、このメッセージを受けとめているのです。皆さんは、どちらの意見が説得的だと思いますか。

（4）六・一七最判（多数意見）がもたらしたもの

六・一七最判がもたらしたものは重大です。それはまず、下級審において、それに追随する判決を生みだしています。二〇二三（令和五）年三月一〇日に仙台高裁判決が、国の重大な義務違反を認めながら、結論部分で国の責任を否定するという「奇妙な」判決を言い渡したことは、第2節ですでに述べたとおりです。その後も、同年一一月二二日の名古屋高裁判決は、国は遅くとも二〇〇二（平成一四）年末の時点で福島原発の敷地の高さを超える津波の到来を予見することができるとしたにもかかわらず、過酷事故発生を防ぐために何が必要であり、どうすれば防げたかの検討をスルーして、実際の津波が想定されていた津波と比べてはるかに規模が大きかったことから、権限を行使して防潮堤の設置を命じていたとしても事故が防げなかった可能性があるので責任はないとしました。さらに同一二月二二日と二六日に二つの東京高裁判決は、最高裁の多数意見を（あたかも「コピペ」のように）なぞったうえで、責任を否定しました。一月一七日の仙台高裁、同月二六日の東京高裁も同様です。

このような流れを断ち切って、各地で争われている訴訟において、改めて、国の責任を真摯に検討させるためには、六・一七最判の見直しを求めることが何より重要な課題となっています。

加えて深刻なことは、このような「欠落」のある最高裁の判断が、原発の再稼働・稼働期間の延長（さらには、新増設）といった政府の「暴走」とも見える昨今の政策動向に、「お墨付き」を与えるものとなっていることです。早稲田大学の大塚直教授は、六・一七最判についての評釈の中で、最高裁判決が事故を契機に高まった安全対策の必要性の認識に水を差し、それを後退させる危険なものになってしまわないかという危惧を示しています。この間の政策側の動きは、まさに、このような危惧が当てはまるものとなってしまっていることを示しているのではないでしょうか。

二〇二三年には、「グリーントランスフォーメーション（GX）」（「脱炭素社会」への移行）の名の下に、国を挙げた原発救済&再推進の関連法が制定されました。その中の改正原子力基本法では、「国は、エネルギーとしての原子力利用に当たっては、原子力発電を電源の選択肢の一つとして活用することによる電気の安定供給の確保、我が国における脱炭素社会……の実現に向けた発電事業における非化石エネルギー源……の利用の促進及びエネルギーの供給に係る自律性の向上に資することができるよう、必要な措置を講ずる責務を有する」（二条の2）と規定しています。さらに、事故に対する責任については、「エネルギーとしての原子力利用は、国及び原子力事業者……が安全神話に陥り……福島第一原子力発電所の事故を防止する事ができなかったことを真摯に反省した上で、原子力事故発生……を常に想定し、その防止に最善かつ最大限の努力をしなければならないという認識にたって、これを行うものとする」としています（二条二項）。そこでは、福島原発事故発生の国ならびに事業者（東京電力）の責任が、「安全神話」という用語を介することで巧妙に回避されています。また、「安全神話」が否定されれば当然起こりうる将来の原発事故や、事故が将来発生したときの国や事業者の責任については何ら定めもありません。六・一七判決は、こういった動きに「お墨付きを与え」、その動きに竿さすものとなっているのです。

4　六・一七最判を克服するために

国の責任を否定した最高裁判決（その多数意見）は、判決直後から現在に至るまで、全国各地の集団訴訟の原告らはもちろん、報道関係者、さらには法律専門家からの広範な批判にさらされています。六・一七最判は、国民の誰をも説得できず、誰の納得も得られていません。

なぜ六・一七最判は誰をも説得しないのでしょうか。それはこの判決が、（結論の当否もさることながら）国の責任の有無を明らかにするうえで当然検討されるべき事柄の検討を怠っているからです。六・一七最判の多数意見は、原発という「万が一」にも重大事故を起こしてはならない施設における規制のあり方についても、その根拠となる原子力規制に関する関連法令についても殆ど言及していません。

また、具体的な権限の行使の根拠となる津波を予測できたのか、予測できたとしてそれはいつの時点かについても判断を示していません。これらについての判断が示されなければ、国の責任の有無は判断できないはずです。

このような「欠落」のある最高裁多数意見の判断が、原発の再稼働・稼働期間の延長（さらには、新増設）といった政府の「暴走」とも見える昨今の政策動向に、「お墨付き」を与えるかのごときものとなっているのです。この最高裁多数意見の間違った判断をたださない限り、福島原発事故のような重大な事故・被害が繰り返されてしまう恐れは否定できません。最高裁には、あらためて、今回のような重大かつ深刻な事故を二度と繰り返さないという立場に立って、欠落している論点の慎重な判断を行うことが求められています。六・一七最判の是正は、福島原発事故被害者の救済にとってだけではなく、原発の危険性に危惧を有し、原発依存からの脱却を願う全ての人々の共通の課題です。

最近、大阪空港の騒音に対し夜間（午後九時から翌朝七時まで）の飛行差止めを求めた大阪空港訴訟において、最高裁の第一小法廷が、大阪高裁が認めた差止めを認めるという判断を維持する方向で固まっていたにもかかわらず、（元最高裁長官などの「介入」などもあり）事件を大法廷に回付して差止め却下の判断を下したという、裁判の独立を揺るがす重大な問題があったことが、團藤重光元最高裁判事の残した「ノート」から明らかになっています（この問題は二〇二三年四月一五日のNHK・Eテレ特集「誰のための司法か～團藤重光　最高裁・事件ノート～」でも取り上げられました）。

今回の最高裁判決についても、元最高裁判事の千葉勝美氏が、「元最高裁判事」の肩書で東電側からの意見書を書き（最高裁判事であった人が個別事件で意見書を書くということは極めて異例のこと）、その中で、津波に関する予測について国側に有利な記載がされています。また、菅野裁判長が判決直後に東電の代理人をしている弁護士が所属する大手の法律事務所の顧問に就任しています。このような、最高裁判事・元判事・（東京電力の代理人を務める）大手弁護士事務所の関係が六・一七最判に影響を与えたのではないかということが指摘されています（第9章参照）。

「裁判官には公正らしさが求められる」とよく言われますが、六・一七最判をめぐって明らかになってきている、大手弁護士事務所をいわば「ハブ」とした電力事業者や国との癒着ともいえる関係は、「公正らしさ」を著しく損なうものであることは否定できません。最高裁としては、このような指摘・批判があり、それが司法・裁判に対する国民の信頼をゆるがすものとなりかねないという事態を重く受けとめ、「すべて裁判官は、その良心に従ひ独立してその職権を行ひ、この憲法及び法律にのみ拘束される。」（憲法七六条三項）という憲法の規範に従い、司法・裁判の役割についての矜持を示すことが、今何よりも求められているのではないでしょうか。

最後に、福島原発事故に関わって、最高裁を含めた裁判所が本来考えるべき課題を挙げておきます。これらについては、本書の第1章以下において解説がなされますが、読者の皆さんも一緒になって考えていただければ幸いです。

①規制権限の根拠となっている法規の趣旨・目的を踏まえて、国にはどのような権限があり、また、津波被害の予見可能性についてどのような知見が積み重なってきたのか。いつ、どのようにその権限

を行使すべきであったのか。不行使に義務違反（違法性）はなかったのか。これらを判断すべきです。この点では、六・一七最判多数意見は、あまりに「杜撰」なものであったといわざるを得ません（この点については、第1、2章参照）。

②最高裁多数意見の判断は、控訴審の事実認定を無視ないし軽視しているという問題点があります。民事訴訟法三二一条一項は、「原判決において適法に確定した事実は、上告裁判所を拘束する。」と規定していますが、これに反するところはないのでしょうか。最高裁は（法律審として）高裁までの事実認定を前提にして法律的判断を行うべきところです（高裁までの事実認定の方法におかしな点があれば、破棄して原審に差し戻すべきであり、勝手な事実認定はできません）。その意味で、法律審としての最高裁のあり方が問われているのではないでしょうか（この点については、第3章参照）。

③今回の事故に対する責任を考える出発点は、事故がもたらした被害の重大性に正面から向き合うことです。六・一七最判多数意見は、そのことを怠っています。確かに、高裁判決の確定により賠償指針の第五次追補が策定され、東電負担による賠償は前進しました。しかし、これによって今回の事故被害の救済が終わったと見るのは誤りです。また、救済を図るためには、東電の（国の支援による）賠償金の支払いだけでは不十分であり、国が被害回復にどのように関わっていくかは、依然として重要な問題です。そして、そのような国のかかわりを考える場合、国が負う「責任」をどう考えるかは重要な論点です（これらの点については、第4、5、6章参照）。

④最高裁判決多数意見と仙台高裁判決は、規制権限を行使したとしても事故が防げなかったかもしれ

ない（防げたと断定できない）として責任を否定しています。これでは、国としては何もしなくてよいといっているに等しいことになります。しかし、原発は、もし、それを設置・稼働することが許容されるとしても、本件のような重大な事故が「万が一」にも発生しないように行われるべきものです。そして、このような視点からの真摯な反省がない限り、また同様の事故が繰り返される危険性があります。残念ながら、この間の政策動向は、その方向へ足を踏み出しているのではないでしょうか。あらためて、原子力発電所の規制のあり方における問題点を明らかにすることは極めて重要です（この点については第7章参照）。

⑤菅野裁判長は、「原子力発電は、リスクもあるものの、エネルギー政策、科学技術振興政策等のため必要なものとして、国を挙げて推進したものであって、各電力会社は、いわばその国策に従い……発電用原子炉の設置の許可を受け、国の定める諸基準に従って原子力発電所を建設し、発電用原子炉を維持していた」としています。しかし、そこでは、そのような「国策」が持つ意味（その当否）が全く議論されていません。「国策」としての原発推進が果たして正しかったのか、今後も、それを推進することが正しいのか。こういった点を、あらためて、正面から論ずべきではないのでしょうか（この点については第8章参照）。

〈**参考文献**〉

・「法と民主主義」四七一号（二〇一二年）と五八三号（二〇二三年）の「特集　原発と人権」事故から一年後の二〇一二年四月以降、原発と福島原発事故に関心を持つ市民、研究者らが開催している「原発と人権――全国研究・交流集会in福島」の記録（四七一号は第一回の、五八三号は事故から一二年後の第六回の記録）

・福島原発事故の全般的問題については、次の二冊が参考になる（福島原発事故の賠償問題を研究する「福島原発事故賠償問題研究会」の研究成果）。

淡路剛久・吉村良一・除本理史編『福島原発事故賠償の研究』日本評論社、二〇一五年。

淡路剛久監修／吉村良一・下山憲治・大坂恵里・除本理史編『原発事故被害回復の法と政策』日本評論社、二〇一八年。

第1章

原発規制権限と福島原発事故に対する国の責任

下山憲治

はじめに——最高裁判決までの経緯

二〇一一（平成二三）年三月一一日に発生した東北地方太平洋沖地震とその後の津波（最高で約一五・五メートル浸水高）により、東京電力福島第一原子力発電所の運転中であった一号機から三号機は全電源喪失に至り、原子炉が冷却できずにメルトダウン等が生じて大量の放射性物質が放出されました（以下、福島原発事故と略す）。その結果、放射線被ばくから逃れようと避難を余儀なくされた人々が、原発事業者である東電と、その東電に対する規制権限の不行使を理由に国を被告として損害賠償を求めました。国を被告としたこの福島原発事故国賠訴訟では、二〇二二（令和四）年六月一七日に、最高裁判所第二小法廷は、生業第一陣訴訟、千葉第一陣訴訟、群馬訴訟と愛媛訴訟について判決を言い渡し、国の責任を全面的に否定しました（以下ではまとめて、六・一七最判と略す）。この六・一七最判は、三名の裁判官（菅野博之裁判官、草野耕一裁判官、岡村和美裁判官）による多数意見です。この六・一七最判には、補足意見（菅野裁判官、草野裁判官）のほか、判決文の形式をもった長文の反対意見（三浦守裁判官）があります（詳細は第2章を参照してください）。

六・一七最判までの福島原発事故国賠訴訟に関する地裁判決をまとめると、国家賠償責任（以下「国の責任」）肯定が九判決、否定が一〇判決でした（ただし、高裁判決を見直すことが多いといわれる最高裁の弁論が開かれることが明らかになって以降では、六・一七最判までに言い渡された二つの地裁判決は国の責任を

福島原発事故国賠訴訟一覧

事件名	裁判所名	判決年月日	国の責任の認否
群馬訴訟	**前橋地裁**	**平成29年3月17日**	○
千葉第一陣訴訟	**千葉地裁**	**平成29年9月22日**	×
生業第一陣訴訟	**福島地裁**	**平成29年10月10日**	○
京都訴訟	京都地裁	平成30年3月15日	○
東京第一陣訴訟	東京地裁	平成30年3月16日	○
かながわ訴訟	横浜地裁	平成31年2月20日	○
千葉第二陣訴訟	千葉地裁	平成31年3月14日	×
愛媛訴訟	**松山地裁**	**平成31年3月26日**	○
愛知・岐阜訴訟	名古屋地裁	令和1年8月2日	×
山形訴訟	山形地裁	令和1年12月17日	×
北海道訴訟	札幌地裁	令和2年3月10日	○
九州訴訟	福岡地裁	令和2年6月24日	×
避難者訴訟	仙台地裁	令和2年8月11日	×
生業第一陣訴訟	**仙台高裁**	**令和2年9月30日**	○
阿武隈会訴訟	東京地裁	令和2年10月9日	×
群馬訴訟	**東京高裁**	**令和3年1月21日**	×
千葉第一陣訴訟	**東京高裁**	**令和3年2月19日**	○
市民訴訟	福島地裁いわき支部	令和3年3月26日	○
新潟訴訟	新潟地裁	令和3年6月2日	×
津島訴訟	福島地裁郡山支部	令和3年7月30日	○
愛媛訴訟	**高松高裁**	**令和3年9月29日**	○
さいたま訴訟	さいたま地裁	令和4年4月20日	×
都路訴訟	福島地裁郡山支部	令和4年6月2日	×

注：ゴシック文字は6.17最高裁判決の対象となった事件の地裁・高裁判決。

否定しました)。また、高裁判決を見ると、生業第一陣訴訟・仙台高裁判決、千葉第一陣訴訟・東京高裁判決、愛媛訴訟・高松高裁判決の三判決は国の責任を肯定しました。他方、群馬訴訟・東京高裁判決はそれを否定していました。

六・一七最判の基本的内容は同じですので、ここでは、生業第一陣訴訟と千葉第一陣訴訟の最高裁判決を中心に検討します。その前に、国家賠償制度の特色と機能、また、六・一七最判前の規制権限不行使による国の責任に関する最高裁判決の動向を確認しておきます。

1 国家賠償制度と六・一七最判前の最高裁判決

(1) 国家賠償制度の特徴と機能

損害賠償制度にはいろいろなものがありますが、一般的には、民間事業者と個人の間(私人間)における民法上の不法行為責任と、国・自治体と国民・住民の間における国の責任の二つが重要です。民法上の不法行為責任の前提には、他人の権利や法的利益を侵害することは本来できないことがあります。そのため、民法上の不法行為責任では故意または過失によって他人の権利等を侵害した場合に加害者が損害を賠償しなければなりません。しかし、国は、法律を根拠にして公権力を行使し個人や事業者の自由を制限したり、権利を侵害したりできます。したがって、国の責任と民法上の不法行為責任とまったく同じように考えることは正しくありません。国の責任は、法律に違反するような国の公権力の行使について、公務員に故意・過失がある場合に認められることになります。このように、国の責任があるかないかを考えるうえで、公権力の行使の根拠となる法律と法制度をしっかりと確認しておくことは不可欠です。

また、国家賠償制度は、公務員の加害行為により損害を受けたとき、被害者の不利益を賠償金（税金をもとにした公金）によって埋め合わせて、被害者を救済することが目的です。この制度は、この被害者救済機能と同時に、今後、同様の違法な公権力の行使が行われないように戒める、違法行為抑止機能もあり、この両方の機能をきちんと踏まえておくことが重要です。

（2） 規制権限不行使に関する従来の最高裁判決

行政が適切な権限をタイミングよく行使しなかったために発生した損害の賠償を求めて被害者が争うときに「規制権限不行使」が違法であるかどうかが論点となります。

今までの最高裁判決で国・自治体の責任を否定した代表例には、次の二つがあります。一つ目は、不動産取引は当事者がお互い相手を見定める必要があることなどを根拠としてトラブルを起こした事業者に対する規制権限不行使が違法でないとした事例（宅建業法訴訟事件・一九八九〈平成元〉年一一月二四日）です。二つ目は、当時の医学・薬学上の知見から医薬品の有用性が否定されないこと等を理由に医薬品の副作用による被害防止の規制権限不行使が違法でないとした事例（クロロキン薬害訴訟・一九九五〈平成七〉年六月二三日）です。

一方、近年の最高裁判決では、規制権限不行使を違法とする判決が多くみられます。たとえば、水俣病関西訴訟（二〇〇四〈平成一六〉年一〇月一五日）のような公害や、筑豊じん肺訴訟（二〇〇四〈平成一六〉年四月二七日）、泉南アスベスト訴訟（二〇一四〈平成二六〉年一〇月九日）と建設アスベスト訴訟（二〇二一〈令和三〉年五月一七日）のような労働災害が代表例です。これら最高裁判決では、生命・身体や健康に対する重大な被害の発生を防止しなかった規制権限不行使が違法と判断されました。国の責任を肯定するこれら判決の中で最高裁が指摘してきた重要なポイントは、次の三点です。第一は、住民や労働者の生命・健康を守るために「できる限り速やかに、技術の進歩や最新の医学的知見等に適合」する規制権限を「適時にかつ適切に」行使すべきであることです。第二は、規制権限が行使されていれば知識や技術の普及等に変化がもたらされうることです。第三は、規制によらなければ被害を防ぐことが難しく、規制権限を行使していれば「相当程度」被害発生や拡大を防ぐことができたことです。

2　福島原発事故国賠訴訟の争点と高裁判決の概要

（1）福島原発事故国賠訴訟の争点

福島原発事故国賠訴訟で大きな争点となったのは、次の①～③です。①二〇〇二（平成一四）年七月末に地震調査研究推進本部地震調査委員会が取りまとめ、公表した「三陸沖から房総沖にかけての地震活動の長期評価について」（以下、長期評価と略す）に科学的合理性や信頼性があるかどうか。なお、長期評価の内容は、三陸沖北部から房総沖の日本海溝でマグニチュード八クラスの津波地震と同等の地震が三〇年以内に二〇パーセント程度、五〇年以内に三〇パーセント程度の確率で発生すること等を推定したものでした。②長期評価によって福島第一原発の敷地高さを超える津波の発生が予見できたかどうか。③長期評価に基づいて福島第一原発に到来する可能性のある津波の試算（以下、二〇〇八年試算と略す）を参考にして東電により講じられる防潮堤、防波堤等の構造物（以下、防潮堤等と略す）やタービン建屋等の水密化措置の実施などによって事故発生が防止できたかどうかです。これらに加えて注目されるのは、「二〇〇二年保安院対応」といわれるものです。それは、長期評価を受け二〇〇二年八月に、当時原発安全規制を担っていた経済産業省原子力安全・保安院（以下、「保安院」と略す）の担当者が東電にシミュレーションを指示しました。しかし、東電は一部研究者の異なる仮説による論文などを根拠に反論し、保安院の担当者がその指示を撤回した上で、長期評価の根拠等を確認するように指示内容を変更しました。また、東電による報告と継続的検討が了承されました。このような対応が原発規制を担う行政として正しかったのか、その法的評価も争点となりました。

当時の重要な情報としては、次のものもありました。福島第一原発の敷地高さは、小名浜港工事基準面（O．P．）プラス一〇メートルでした。そして、二〇〇六（平成一六）年一月から、保安院と原発設置者等が開催した「溢水勉強会」で、福島第一原発五号機のシミュレーション（津波O．P．プラス一〇メートルとプラス一四メートル）で電源設備の機能喪失等が報告されました。また、同年九月には原子力施設に関する耐震設計審査指針が改定され、各原発の耐震バックチェックが保安院により指示されました。二〇〇八年四月〜五月には、長期評価を参考に東電が試算を行い、福島第一原発について、津波水位O．P．プラス八・四メートル〜一〇・二メートル、浸水高O．P．プラス一五・七メートルの津波が福島第一原発南東側に到来等という二〇〇八年試算が出されました。

（2）六・一七最判前の高裁判決の概要

国の責任を肯定した生業第一陣訴訟・仙台高裁判決、千葉第一陣訴訟・東京高裁判決および愛媛訴訟・高松高裁判決を簡潔にまとめてみます。前述の①について、この長期評価の信頼性等を肯定しました。②について、福島第一原発の敷地高さを超える津波発生は予見可能であったと判断しました。そのうえで、生業第一陣訴訟・仙台高裁判決では、③について、予見可能であった津波に対し、防潮堤の設置のほか、防潮堤の設置とタービン建屋等の水密化の措置を講じることで福島原発事故は回避できたこと等が認められました。また、千葉第一陣訴訟・東京高裁判決と愛媛訴訟・高松高裁判決も、おおむね同様に、福島原発事故と同様の「全電源喪失等の重大な事故を回避することは可能であった」あるいはそのような事態に至らなかった蓋然性が高い等と判断しました。なお、生業第一陣訴訟・仙台高裁判決は、二〇〇二年保安院対応について「不誠実ともいえる報告を唯々諾々」と受け入れ、保安院に期待される「安全寄りの指導・規制」をせず、規制当局の姿勢として不十分であると厳しく批判しました。

一方、国の責任を否定した群馬訴訟・東京高裁判決を簡潔にまとめます。①について、長期評価は「確立し、実用として使用するのに疑点のない」当時の津波評価技術と矛盾する点を含んでおり、「直ちに対策の実施を求める規制権限の行使を義務付けるだけの科学的、専門技術的な見地からの合理性を有する知見であったと認めることは困難」と評価しました。そして、②について、実際の津波発生は予見できなかったと判断しました。③については、二〇〇八年試算を前提にすると、防潮堤設置が一部に限られ、東側の広い範囲には設置されないため、津波の浸水を防げず事故発生は回避できなかったと判断しました。さらに、水密化措置は、当時、技術的に確立しておらず、事故発生の回避は困難と判断しました。

3　六・一七最判の概要と重要な論点

(1) 六・一七最判の概要

六・一七最判は、まず、どのような場合に、規制権限の不行使が違法となるのか、従来の最高裁判決と同様に、次のような判断基準を立てました。1「国又は公共団体の公務員による規制権限の不行使は、その権限を定めた法令の趣旨、目的や、その権限の性質等に照らし、具体的事情の下において、その不行使が許容される限度を逸脱して著しく合理性を欠くと認められるときは、その不行使により被害を受けた者との関係において、国家賠償法一条一項の適用上違法となるものと解するのが相当である」。さらに、六・一七最判は、次の点を加えました。2「国又は公共団体が、上記公務員が規制権限を行使しなかったことを理由として同項に基づく損害賠償責任を負うというためには、上記公務員が規制権限を行使していれば上記の者が被害を受けることはなかったであろうという関係が認められなければならない」。

2の部分は、当時の経産大臣が原発の安全を確保するために適時・適切に規制権限を行使していれば、福島原発事故を防止し被害が発生しなかったといえるかどうかに注目するものです。この論点は、これまでの地裁や高裁で判断が分かれていた重要争点の一つであり、六・一七最判は、この点についてのみ判断したものです。最も大きな問題は、六・一七最判は2の前提である1についてまったく言及しないまま、2の部分のみで結論を出した点です。

六・一七最判を要約すると、仮に経産大臣が内容・タイミング等が不明な技術基準適合命令を発した場合、それを受けた東電の対応を中心に次のア〜オのように判断しました。ア防潮堤等の設置による津波対策が「基本」である。イ二〇〇八年試算は合理的である。アとイからすると、ウ二〇〇八年試算に基づき想定された津波対策として福島第一原発の南東側等の一部に防潮堤等が設置されるのは「合理的で確実なもの」である。エこの措置で不十分であるとの有力な考え方は当時はなく、また、防潮堤等の設置に加え「他の対策」（水密化措置）は「主たる津波対策」としての実績等もなく、海外でも一般化されていなかった。そうすると、㋔前記防潮堤等を設置しても少なくとも福島原発敷地東側から浸水し、福島原発事故と同様の事故が発生する可能性が高く、被害発生が防止できたというのは困難である。

（2）六・一七最判の重要な問題点

六・一七最判には、多くの問題点がありますが、特に重要なのは、次の点です。まず、事故当時の原子力基本法、原子炉等規制法および電気事業法（以下それぞれ「原基法」、「炉規法」および「電事法」と略す）等のもと、万が一の原発事故の発生防止に万全を期すという安全確保に関する基本原則について一切言及がありません。そして、この安全確保のために国（経産大臣）と原発設置者である東電の双方に期待される法的義務の内容（例えば、「最新の科学技術水準への即応」義務）についてもまったく判決文では言及されていません。その結果、技術基準適合命令が出されたことを仮定したにもかかわらず、この命令が出されていなかった当時の事情のみを前提に、しかも、東電の対応の一部のみを取り上げて、その合理性を認めました。加えて、二〇〇二年保安院対応についても、一切言及がありませんでした。

本来、後述のように、国（経産大臣）と東電の両者は、最新の科学技術水準に即応する義務を負います。したがって、六・一七最判では、仮に経産大臣が技術基準適合命令等を発した場合には、国・東電の適切・最適な対策や措置（必要な調査・研究や技術開発等を含む）による事情の変化も踏まえた判断が必要となったはずです。

そこで、原基法等によって要求される安全水準、そして、国（経産大臣）と原発設置者（東電）が負うべき義務の内容を確認することから始めます。

4　原発規制の特色と継続的な規制監督

（1）原発事故の特殊性、原発規制の特色と基本原則

原発事故が発生した場合、重大・深刻な被害が広域にわたり長期に及びます。しかも、放射線をあびたことは人の五感では感じられず、特別な装置がないとわかりません。このような例に見られるとおり、私たちの日頃の暮らしで感じることのできる危険・危険性と原発事故によるそれは大きく異なっています。この違いが原発規制の特色に反映されています。つまり、深刻な、あるいは、不可逆的な被害や影響が生じるおそれがあると科学的にいうことができる場合には、仮に不確実であったとしても、原発事故防止措置等の実施を延期する理由にはなりません。これは、「事前警戒・予防（precaution）」という原発規制における基本原則です。それゆえ、事前警戒・予防の考え方を基礎に原発規制に関する法律に基づいて、原発の規制監督権限をもつ経産大臣は、いつごろ、どのような地震や津波が発生

するのかがはっきりとは分からない段階でも適切な規制監督を適時に実施する義務を負います。

このように、原発の安全確保のための規制監督権限は、原発事故によって影響や被害を受ける可能性のある住民などの生命・身体や健康等を保護するためのものです。この趣旨・目的に反するような規制監督権限の不行使は許されません。しかし、六・一七最判は、前述の原発規制の特色やその規制監督権限の趣旨等についてまったく言及しませんでした。それどころか、菅野補足意見に表れているように、医療事故や鉄道事故のような私人間における「通常の不法行為法と同様」の発想を基礎にしているといえます。

前述のように、国家賠償制度は、「通常の不法行為」、つまり、民法上の不法行為責任とは違う特徴があります。また、技術基準適合命令を受けて東電が採用する津波対策のみを取りあげ、そのような津波対策で十分であると経産大臣（保安院）が判断してよいかなどについて、まったく検討されていません。なお、原発の安全確保義務は国だけではなく、東電も負うはずなのですが、そのようなことは考えられていないようです。

（2）東電と国が負う原発の安全確保義務について

原発設置者（東電）は、原基法等により、原発を安全な状態に維持する安全確保義務を負います。つまり、「安全の確保を旨」として、東電は、原発を設置・運転するために十分な技術力と経営力を有すること、かつ、原子炉施設の位置や設備等について原子炉による災害の防止上支障がないようにすることが求められていました。また、人体に危害を及ぼさないように、万が一を考えて想定される津波により原子力施設が「損傷を受けるおそれ」がない状態あるいは「安全性を損なうおそれ」がない状態に維持する義務が原発に必要な技術基準として定められていました（当時の「発電用原子力設備に関する技術基準を定める省令」四条一項）。

これら法規定からすると、国（経産大臣）はどのような義務を負うのでしょうか。行政規制では特定の者に対する特定時点での権利制限（例：警察官職務執行法四条一項の避難等の措置）のように、状況に応じてその場その場で規制権限（単発的規制権限）が行使される場合もあります。しかし、原発については、国の原子力推進政策のもと、原発の設置許可にはじまり廃炉に至るまで、国（経産大臣）が継続的に規制監督を実施する制度となっていました。それゆえ、福島第一原発の設置許可以降、原発の安全性が確保された状態が維持され、また、後述の最新の科学技術水準に即応しつつ、安全確保と安全性向上を絶えることなく追求することが国の義務です。そのため、国（経産大臣）は、適切なタイミングで、様々な検査や許認可等の規制監督権限を適切に行使することによって、周辺住民等の生命・身体や健康などに対する深刻な被害が生じないように最善を尽くさなければなりません。

このように、原発の継続的規制監督制度の下、被害発生を防止・抑制するために、国（経産大臣）は、調査・検査や研究等を通じて、原発事故発生の危険・危険性がはっきりする前の段階でそれを予見し、事故発生のおそれをなくしていく義務を負います。そして、このような権限行使を国民や住民等は期待することができます。しかし、六・一七最判は、この義務について一切言及していません。しかも、単発的規制権限の不作為（技術基準適合命令を発しないこと）のみに着目し、本来、その後も続く継続的な規制監督権限が存在しないかのように判断しました。

5　最新の科学技術水準に即応し、事情の変化に対応する義務

（1）最新の科学技術水準に即応する義務

前述の国と東電が負う安全確保義務の内容のうち、特に重要なものをここで検討します。それは、「最新の科学技術水準への即応」義務と「事情の変化への対応」義務です。

六・一七最判は、東電が津波対策を講じるにあたって、ある時点の「確立した標準的技術水準」を基礎に判断していると考えられます。伊方原発訴訟・最高裁判決（一九九二〈平成四〉年一〇月二九日）とは違った内容です。伊方原発訴訟・最高裁判決では、原発事故による深刻な災害が「万が一」にも起こらないように万全の対策を講じるため、原発規制監督には「最新の科学技術水準への即応」が求められました。この「最新の科学技術水準への即応」義務の内容について、伊方原発訴訟・最高裁判決は明確にはしていません。ただ、次のⓐとⓑの二つの内容が含まれていると考えられます。まず、ⓐ科学的信頼性が相当程度に認められる最新の科学水準に基づく知見（例：長期評価）によって予測され

る事態に対して適切に事前警戒・予防の観点から対応しなければなりません。次に、ⓑその時点で利用可能な最新・最高の技術水準を用いてもその事態発生を防止できないときは、原発の運転停止も考慮に入れなければなりません。この「最新の科学技術水準への即応」義務は、技術力と経営力が設置許可の要件となっていることに対応して、原発設置者である東電が負っているはずです。また、継続的な規制監督に当たる国（経産大臣）も、適時・適切にこの義務を果たさなければならないはずです。

六・一七最判は、技術基準適合命令が発せられたと仮定して、東電による防潮堤等の限定的な設置が「合理的対応」であると評価しています。しかし、そのような対策では不十分で、前述の「最新の科学技術水準への即応」義務を果たしているとはいえないと思います。

(2) 事情の変化に対応する義務

前述の1(2)で確認しましたように、規制権限不行使の国家賠償訴訟に関する六・一七最判前の最高裁判決では、関係する法律は異なりますが、おおむね共通する点として、少なくとも、次のⓐとⓘの二つが前提におかれていたと指摘できます。それは、ⓐできる限り速やかに、科学・技術の進歩に適合するように「適時にかつ適切に」規制監督権限を行使することにより、新しい知識や新規技術が開発され、普及したり、普及が促進されうることです。また、ⓘ規制監督権限を行使した後も、事情の変化を踏まえて適時・適切な規制監督を実施するなど、関係者が負う義務に相応しい事故発生の防止に向けた適切・最適な行動が選択されるべきであることです。

しかし、六・一七最判は、経産大臣が技術基準適合命令を発したと仮定したにもかかわらず、この命令が実際には発せられなかった過去の事実のみを根拠としました。六・一七最判の大きな問題点の一つです。仮にこの命令が発せられていたとすれば、その後、国や東電が安全確保のために最適と考えられる調査検討、研究・技術開発が行われるなど、様々な事情が変化する可能性があったはずですが、この点は一切考慮されませんでした。

6　六・一七最判の主要な問題点

(1)　原発規制の特色と継続的な規制監督関係を無視していること

以上の原発規制の特色や国・東電が負う安全確保義務（最新の科学技術水準に即応する義務と事情の変化に対応する義務を含む）を踏まえ、六・一七最判の問題点のうち、主要な問題点をまとめます。

六・一七最判は、技術基準に適合しない状態、つまり、安全確保ができていない状態にある福島原発について、タイミングと内容が不明な技術基準適合命令を電事法四〇条に基づき経産大臣が東電に一度だけ発することを前提にしています。そして、それを受けた東電が、一般的・標準的な技術水準に基づいて津波を想定し、福島原発敷地のうち太平洋側の一部にのみ防潮堤等を設置することで福島原発の安全確保は十分であると評価しています。

このような津波対策は、原発規制の特色、そして、原発事故が万が一にも発生しないように万全の対策を講じる「事前警戒・予防」という基本原則から考えると、十分とはいえません。しかも、六・一七最判は、単発の技術基準適合命令の発出のみを前提にしています。しかし、通常、命令を発した後、東電が講じる前述の防潮堤等の措置について、東電は経産大臣（保安院）に報告等を行い、それを受けて、経産大臣（保安院）が技術基準に適合するかどうか評価、判断するはずです。それがなければ、福島原発の安全性が確保できず、そのような状態のまま稼働することになってしまうからです。しかし、六・一七最判は、このような経産大臣（保安院）の調査・審査が存在しないかのように、まったく判断していません。継続的規制監督の法的仕組みが完全に無視されています。仮に、東電が前述のような津波対策で済ませようとしても、その改善や向上を求めるのが、経産大臣（保安院）が選択すべき規制監督権限の行使の本来の姿であると思います。

（2）東電と国が負う義務を明確にせず、事故は回避できなかったと判断したこと

通常、行動すべきであったのに行動しなかったこと（不作為、不行使）による損害賠償責任では、適切・最適に行動すべきだったことを想定して、事故発生や被害発生を防ぐことができたかどうかが判断されます。福島原発事故国賠訴訟では、事故発生ないし被害発生の原因の中心にあるのは電事法四

○条に基づく技術基準適合命令を発しなかったという規制権限の不行使です。

六・一七最判では、タイミングも、内容も、不明確なまま、経産大臣が技術基準適合命令を発したことを想定しています。さらに、実際には命令を受けていない東電が福島原発事故前に実施していた二〇〇八年試算に基づいて太平洋に面している敷地の東側には防潮堤等を設置せず、他の一部に防潮堤等の設置工事を行うことが「合理的である」と評価しました。そして、このような防潮堤等が設置されても、津波が敷地の東側から浸入し、事故発生は防げなかったと結論づけました。

前述のように、東電は、原発が損傷を受けるおそれがない状態または安全性を損なうおそれがない状態に維持する安全確保義務を負います。この義務に違反しないためには、いつ襲来するか分からない想定される津波に備え、原発の安全を継続的に維持・確保しなければなりません。そうだとすると、防潮堤等の完成までに、比較的短期間で完成し、費用も防潮堤等に比べれば安くすむ水密化などの措置を優先的に実施すると考えるのが常識的ではないでしょうか。六・一七最判は、「最新の科学技術水準への即応」義務や事情の変化に対応する義務を考慮することなく、技術基準適合命令が発せられていなかった当時の一般的な技術的見解（有力な見解）によれば、防潮堤等の設置と同時に水密化措置を講じる必要はなかったと判断しています。この点は、国と東電が負う安全確保義務を考慮していないように見えます。ちなみに、福島原発事故前には、国内原発で水密化措置が実施されていた実例が複数あったことは国も東電も認識できたはずでしょう。

国家賠償制度の被害者救済機能だけではなく、違法行為抑止機能の観点から見ても、六・一七最判の問題は大きいといえます。

7　六・一七最判後の裁判動向と課題

以上のように、法的に重大な問題が多く、見直されるべき六・一七最判ですが、「国の責任を否定した」という結果の波及効果は大きいようです。六・一七最判以降、地裁・高裁は、東電の原子力損害賠償法に基づく無過失責任を認めつつ、国の責任はすべて否定しています。そのうち、二〇二三（令和五）年に言い渡された高裁判決を見ると、愛知・岐阜訴訟・名古屋高裁判決（一一月二二日）、千葉第二陣訴訟・東京高裁判決（一二月二二日）と東京訴訟・東京高裁判決（一二月二六日）は、六・一七最判と同様に、仮に技術基準適合命令を発していたとしても、事故発生を防ぐことはできなかったと判断しました。六・一七最判後の福島原発事故国賠訴訟では、防潮堤等の設置に先行して水密化等の措置を実施したり、経産大臣が一時停止命令を発するべきであったなどの主張を原告はしていました。しかし、これら高裁判決では、六・一七最判と同様の判断をしており、この争点にきちんと向き合った判断は示されていません。

一方、いわき市民訴訟・仙台高裁判決（二〇二三年三月一〇日）では、結論としては六・一七最判と同様に国の責任を否定しました。ただ、六・一七最判とは違って、次のような判断が示されました。それは、前述の生業第一陣訴訟・仙台高裁判決などと同様に、原発規制の特色と法制度の趣旨・目的を踏まえ、経産大臣が技術基準適合命令を発しなかったことは「極めて重大な義務違反であることは明らか」であるとしました。具体的には、防潮堤等を福島原発敷地の東側にも設置すべきであること、あるいは、水密化措置を実施することで実際の津波に対しても重大事故の発生を防止できた可能性が「相当程度高い」と評価しました。しかし、その後、この判決のつじつまが合わなくなります。同訴訟・仙台高裁は、津波想定の仕方や防潮堤等と水密化などについて実際にはどのような措置を選択するのかについては「幅」があり、必ず重大事故を防ぐことができたとは断定できないため、国の責任を否定しました。従来の国の責任を認める最高裁判決を見ても、前記1（2）のとおり、規制権限を行使していれば「相当程度」被害発生や拡大を防ぐことができたといえることが重要です。同訴訟・仙台高裁判決のような「断定」を必要としたものはありません。

そもそも六・一七最判は見直されるべき判決です。また、仮に六・一七最判を前提に考えたとしても、防潮堤等の設置とは別に、それに先行して水密化措置や重大事故対策（シビアアクシデント対策）等を講じることが争点となっている訴訟には影響がないはずです。六・一七最判を過大評価、拡張して理解してはならないと思います。

〈**参考文献**〉

・六・一七最判までの地裁・高裁判決の動向については、下山憲治「原発事故国賠訴訟の現状と論点」法律時報九四巻一号六五頁（二〇二二年）。

・六・一七最判については、大塚直「判例研究　原発事故国賠訴訟　福島第一原発事故国家賠償訴訟最高裁判決について――防潮堤設置および建屋水密化措置に焦点を当てて［令和四・六・一七］」Law & Technology 九九号八七頁（二〇二三年）、下山憲治「最新判例批評」判例時報二五七〇号（判例評論七七七号）一一六頁（二〇二三年）。
・いわき市民訴訟・仙台高裁判決及び六・一七最判との関係等については、下山憲治「原発の規制監督と国の責任：いわき市民訴訟・仙台高裁判決を中心にして」環境と公害五三巻二号八頁（二〇二三年）。

第2章

六・二七最高裁判決多数意見と三浦反対意見の違い

樋口英明

1　はじめに

最高裁第二小法廷二〇二二（令和四年）年六月一七日判決（以下、六・一七最判と略す）の多数意見は、「たとえ経済産業大臣が東京電力に対して適切な津波対策を命じたとしても福島原発事故は防ぐことはできなかった」という理由で住民側の国家賠償請求を棄却しました。それに対して、三浦守裁判官は「国の賠償責任を認めるべきである」との反対意見を述べました。六・一七最判は三対一で結論が分かれたわけです。この多数意見の三人の裁判官と反対意見の三浦裁判官の違いを私たちはどのように捉えたらよいのでしょうか。

まず言えることは、多数意見の裁判官には原発の本質に対する理解が欠けていたということです。次に多数意見の裁判官には自らが法の支配の担い手であるとの自覚に欠けていたことが挙げられると思います。

2　多数意見の原発の本質に対する無理解

（1）原発の本質

原発には「止める」「冷やす」「閉じ込める」という安全三原則が要求されています。原発は、核分裂反応を止めても電気で水を送り続けてウラン燃料を冷やし続けない限り、原子炉が空焚きになりその結果ウラン燃料が自らの熱によって溶け落ちて過酷事故になります。メルトダウンと呼ばれるものです。原発以外の技術の多くは運転の停止によって、その被害の拡大の要因の多くが除去されるのに対し、原発は自然災害や事故の際にも運転を停止するだけでは収束の方向に向かわず、継続的に人の厳格な管理を要するという、私たちの常識が通用しない技術です。

第二に、人が管理できなくなったときの事故の被害の大きさは比類がなく、放射能汚染による被害は一地方の存続を危うくするのみならず、我が国の存続を脅しかねないのです。現に、福島原発事故では吉田昌郎所長も、菅直人総理も「東日本壊滅」を覚悟したのです。

避難計画の不備を理由として東海第二原発の運転差止を命じた水戸地裁二〇二一（令和三）年三月一八日判決および福島原発事故に関し東京電力の旧経営陣に対して一三兆円余の支払を命じた東京地裁二〇二二（令和四）年七月一三日判決も上記に述べた原発の本質に対する正しい理解を示しています。

すなわち、水戸地裁判決は、原発事故の被害の特異性について、事故が起きた場合には原発の安全三原則である「止める」「冷やす」「閉じ込める」を成功させかつこれを継続できなければ収束に向かわず、一つでも失敗すれば被害が拡大して、最悪の場合には破滅的な事故につながりかねないという、他の科学技術の利用に伴う事故とは質的に異なる特性を明確に認めています。

そして、株主代表訴訟東京地裁判決も判決の中で「原子力発電所において、一たび炉心損傷ないし炉心溶融に至り、周辺環境に大量の放射性物質を拡散させる過酷事故が発生すると、……地域の社会的・経済的コミュニティの崩壊ないし喪失を生じさせ、ひいては我が国そのものの崩壊にもつながりかねない」と判示しています。

（2）福島原発事故の状況

文科省の機関である地震調査研究推進本部は、二〇〇二年七月、長期評価を公表し、福島県沖を含む領域に関し、マグニチュード8クラスのプレート間大地震（津波を伴う地震）が発生する可能性があるとしました。そして、その可能性は今後三〇年以内の発生確率が二〇パーセント程度、今後五〇年以内の発生確率が三〇パーセント程度と推定されました（以下、本件長期評価と言う）。

福島第一原発の原子炉等のある敷地は海面から約一〇メートルの高さにあったのですが、東京電力が本件長期評価に基づいて津波の試算を行ったところ、1号機から4号機がある敷地の南東側前面で海抜一五・七メートルに達することが判明しました（以下、本件試算津波と言う）。しかし、東京電力は、本件試算津波に基づく対策を一切とりませんでした。

当時、東京電力を指導すべき立場にあった保安院は、東京電力の「本件長期評価の信用性は低い」との説明を信じました。そして、電気事業法四〇条に基づく規制権限を有している経済産業大臣も、東京電力に対して津波対策を命じませんでした。

こうして何らの津波対策がとられることなく、二〇一一年三月一一日午後二時四六分に、牡鹿半島の東南東約一三〇キロメートルを震源とする、マグニチュード9の巨大地震が起き、震度6の地震が東北地方の広い範囲で観測され、福島第一原発も耐震設計基準（基準地震動）である六〇〇ガルを超える地震に襲われました。外部電源はすべての経路が地震による鉄塔の転倒などによって断たれてしまい、非常用電源が始動しました。ところが、地震発生から約五〇分後の午後三時三六分ころ、一五メートルを超える津波が押し寄せ、1号機から4号機までの各建屋の一階ないし地下にあった非常用電源がすべて浸水し、その機能を失って完全に停電してしまいました。そのため、原子炉を冷やすことができなくなり、1号機から3号機までの核燃料がメルトダウンしました。4号機においても、使用済み核燃料プールが冷却できなくなりましたが、なぜか仕切りがずれて隣のプールから水が流れ込む等の数多くの奇跡によって破滅的な事態を免れたのです。

（3）本件訴訟の争点

本件訴訟においては、㋐本件長期評価は信用に値するものであったか否か、㋑仮に本件長期評価が信用できるとした場合、これを知った経済産業大臣が東京電力に対し、津波対策を命じるべきであったかどうか、㋒仮に、津波対策を命じたとしたら、福島原発事故は防ぐことができたのかが争われたわけです。

（4）多数意見の内容

多数意見は、㋐、㋑の争点については判断を示すことなく、仮に、経済産業大臣が津波対策を命じたとしても浸水による非常用電源の機能喪失に起因する本件事故を防ぐことはできなかったとして、㋒の経済産業大臣の津波対策を命じなかったことと過酷事故の発生との間に因果関係がないとして国の賠償責任を否定しました。

その理由の前半は、「仮に、経済産業大臣が規制権限を行使した場合には、本件事故以前の我が国における原子炉施設の津波対策は、防潮堤を設置することによって敷地への海水の浸入を防止することが基本となるものであったはずであり、この基本的措置では対策として不十分であるとの考え方が有力であったとはいえない」というものです。また、理由の後半には、「仮に、経済産業大臣が津波対策を命じたとしても、設置された防潮堤は、南東側の津波高を一五・七メートルと予想してそれにやや余裕をもって南東側の防潮堤の高さは決められるであろうが、東側の防潮堤の高さは一五・七メートルよりも低く設置されたはずである。しかし、実際は東側からの津波の高さは一五メートルを超えているから、仮に、経済産業大臣が津波対策を命じていたとしても、東側からの一五メートルに及んだ津波は防ぐことができず、非常用電源の喪失は免れなかった。」という趣旨が述べられています。

この多数意見の一番目の問題点は、経済産業大臣が津波対策を命じたとしても、福島原発事故は防ぐことができなかったということについて、前半の理由づけにも後半の理由づけにも、全く説得力がないということです。このことは、次の（5）と（6）に示します。二番目の問題は、多数意見が㋐本件長期評価の信用性の有無、㋑経済産業大臣は津波対策を命じるべきであったかについて判断していないことです。このことについては、3項の（3）以下で示します。

（5）多数意見の前半の理由（防潮堤の建設を基本とするものであったこと）について

多数意見は「本件原発事故以前の我が国における原子炉施設の津波対策は防潮堤の設置によって海水の浸入を防止することを基本とするものであった」としています。

多数意見が民事訴訟法三二一条一項（最高裁は高裁の認定した事実に拘束される）に違反し、高裁で認められた水密扉を設置するなどの水密化という津波対策を無視したことについては本書第3章で論じます。ここでは、もう一つの可能性について検討します。すなわち、多数意見は、民事訴訟法三二一条一項を意識して、有効な津波対策として防潮堤建設及び水密化対策があるという高裁段階での事実認定を踏まえたうえで、防潮堤建設が基本型であり、防潮堤建設に加え水密化対策をとることはいわば進化型であると位置付けて、「進化型の対策をとることまでは必要としない」との法的判断を示したという可能性です。すなわち、「基本とするもの」という言葉をいわばマジックワードとして民事訴訟法三二一条一項の規制をくぐり抜けようとしたということです。多数意見は「原発の津波対策としては基本型である防潮堤の建設で足り、進化型である防潮堤建設に加え水密化対策をとることまでは必要としない」との法的判断を示したものとして、この多数意見の法的判断の正当性について検討します。

多数意見の法的判断は、1項で述べた原発の本質についての基本的理解が欠けたものといわざるを得ないのです。原発は、人が管理して電気で水を原子炉に送り核燃料を冷やし続けない限り過酷事故となって、我が国の崩壊に繋がりかねないのです。

東京電力の経営陣も東京電力を指導すべき立場にある保安院及び経済産業大臣もそのことを当然に理解しておくべきでした。また、原発が1項で述べた性質を有することを前提として原子力基本法、原子炉規制法、電気事業法は制定されたはずなのです。

多数意見は、福島原発事故を経験したにもかかわらず、原発の本質に対する理解を欠き、原発を火力発電所と同列に、あるいはゴミ処理場等のいわゆる迷惑施設と同列のものと捉えているといえるのです。例えば、大量の煙を出す迷惑施設の対策として、仮にその煙が深刻な健康被害をもたらさないならば、「煙突を高くすることが基本であり、それに加えて煤煙の除去装置を設置する必要はない」という解釈はできます。この解釈は飽くまでもその煙が深刻な健康被害をもたらさないということが前提となります。

我が国の四大公害裁判のうち、いわゆる「四日市ぜんそく訴訟」について津地裁四日市支部は、今回の最高裁判決から遡ること五〇年前の一九七二（昭和四七）年七月二四日、次のように判示し、この判決は上訴されることなく確定しました。

「……少なくとも人間の生命、身体に危険のあることを知りうる汚染物質の排出については、企業は経済性を度外視して、世界最高の技術、知識を動員して防止措置を講ずべきであり、そのような措置を怠れば過失は免れないと解すべき……」

この津地裁四日市支部判決は、原発事故の防止対策の問題について、次のように言い換えることができます。

「……人間の生命、身体に極めて広範囲に深刻な危険を及ぼすことが知られている放射性物質に係る事故防止については、企業は経済性を度外視して、世界最高の技術、知識を動員して事故防止措置を講ずべきであり、そのような措置を怠れば過失は免れないと解すべきである」

この津地裁四日市支部判決と多数意見とを見比べると、最高裁が五〇年間少しも進歩していないだけでなく、退廃の匂いさえ感じられるのです。

「福島原発事故当時の津波対策の基本的な技術水準としては防潮堤を築くことであった。だから、防潮堤を築くという対策で足りる」とするのは、繰り返しになりますが、原発の本質を全く理解しておらず、原発を単なる迷惑施設としか捉えていない何よりの証左です。四日市ぜんそくは多くの人に重大な健康被害をもたらしましたが、その被害は四日市市の南部と隣接町村に限られていました。福島原発事故による被害の規模は被災者の数からしても地域の広さからしても比較にならないのです。福井地裁の二〇一四（平成二六）年五月二一日の大飯原発運転差止判決が示したとおり、福島原発事故は「我が国始まって以来最大の公害、環境汚染」なのです。このような極めて広範な健康被害をもたらし、国の崩壊さえ招きかねない事故の防止策として基本的な防止策では足らず、世界最高水準の技術を用いなければならないのは当然の要求といえます。そこで、経済産業大臣の津波対策に係る命令に従って東京電力がとるべき対策である世界最高の技術の中に、事故当時において既にその有効性が確認されていた水密化が含まれることは当然といえます。

最高裁の多数意見が誤ったものであることは、すでに五〇年前の津地裁四日市支部の判決によって明らかになったといえるのです。

（6）多数意見の後半の理由（想定される防潮堤の高さ）について

多数意見は、（4）に示した後半の理由によって経済産業大臣が津波対策を命じなかったことと福島原発事故との間の因果関係を否定しました。

仮に、多数意見のとおり、基本型である防潮堤の建設だけがとるべき対策であったとしても、二〇一一年三月以前に防潮堤は完成していたはずです。ところが、多数意見は「経済産業大臣が津波対策を命じたとしても、建設されたであろう防潮堤は南東側が一五・七メートルを超え、東側はそれよりかなり低い高低差のあるものになっていたはずだ。しかし、実際には東側から一五メートルを超える津波が押し寄せたので防潮堤によっては非常用電源を守ることはできなかったことになる」として、経済産業大臣が津波対策を命じなかったことと福島原発事故との間の因果関係を否定しました。

しかし、そのような高さが均等でない防潮堤を私は今まで見たことがありません。津波の高さも到来する方向も完全には予測できないことから、通常は、高い方の南東側に合わせて、東側も海抜一五・七メートルを超える防潮堤を築くはずです。

高低差のある防潮堤は高低差のない防潮堤よりも建設費が安くつくかもしれません。しかし、津地裁四日市支部判決は、人間の生命、健康に関わる事故に関しては「経済性を度外視して」事故防止措置を講ずべきだとして、建設費のわずかな増額を惜しむことを、明確に禁じていたのです。多数意見においても、仮に、東京電力が経済産業大臣の命令に応じて、一五・七メートルの津波に備えるために高低差のない通常の防潮堤を築いていたならば本件事故は防ぐことができたはずであることを否定できないのです。福島原発事故は経済産業大臣が津波対策を命じてさえおれば、水密化工事をしなくても、高低差のない通常の防潮堤だけで防ぐことができたのです。

（7）三浦反対意見について

これらの問題点に応える判断をしたのが三浦守裁判官です。三浦裁判官の反対意見の要旨は、次のとおりです。

争点㋐（長期評価の信用性）について、長期評価には信用性があることを認めました。争点㋑（経済産業大臣の義務違反の有無）については、経済産業大臣に権限が付与されたのは原子力災害が万が一にも起こらないようにするためであり、原子力災害が起きる万が一の危険があることが判明した場合には、できる限り速やかに、この危険を回避するために是正を命ずることができるようにするためであり、遅くとも本件長期評価の公表から一年を経過した二〇〇三年七月頃までの間に、経済産業大臣は東京電力に対し津波対策を命じる必要があったとしました。

そして、争点㋒（経済産業大臣が命令を発していたら本件事故を防ぐことができたか）については水密化と防潮堤の高さの問題についてそれぞれ次の判断を示しました。

炉心または使用済核燃料プールの冷却を継続する機能を維持するためには、非常用電源設備の機能の維持が不可欠であり、非常用電源設備は浸水に対し極めて脆弱であるから、防潮堤の設置が完了するまでの間、浸水の危険を放置することは、万が一にも深刻な災害が起こらないようにするという法令の趣旨に反することになる。したがって、経済産業大臣の命令に応じて東京電力は津波に対し水密化等の措置を講ずる必要があった。

本件試算津波によると、敷地の東側からも一〇メートル前後の津波があり、その一部が本件敷地に遡上する可能性があったこと、津波の方向の正確な分析は不可能であること等からすると、本件敷地の南東側からだけでなく、東側からも津波が遡上する可能性を想定することは、むしろ当然というべきであり、南東側は一五メートル以上で、東側だけ一五メートル以下の高低差のある防潮堤の建設は考えられない。そして、防潮堤の設置が完了していれば、水密化の措置による防護の効果を一層確実なものとしたことが明らかであるとして、経済産業大臣が津波対策を命じ、それに応じて東京電力が適切な措置をとっていたならば福島原発事故は防げたとしました。

(8) 三浦反対意見の評価

三浦裁判官には、原発の本質に対する明確な認識があるといえます。三浦裁判官は、「原子力基本法をはじめとする諸法は過酷事故が万が一でも起こらないようにするための法規制にほかならず、その一環として経済産業大臣に権限が付与された法の趣旨は原子力災害が万が一にも起こらないようにするためである」との正しい理解に立っています。この立場は、一九九二(平成四)年一〇月二九日伊方最高裁判決の「原子炉が原子核分裂の過程において高エネルギーを放出する核燃料物質を燃料として使用する装置であり、その稼働により、内部に多量の人体に有害な放射性物質を発生させるものであって、……周辺の環境を放射能によって汚染するなど、深刻な災害を引き起こすおそれがあることにかんがみ、右災害が万が一にも起こらないようにするため……」との判示と共通するものがあります。すなわち、原子力基本法等の諸法が厳しく原発の稼働を規制し、厳格な審査を要求しているのは、原発の本質に鑑み万が一の事故を防止することにあるとしているのであり、この限度では伊方最高裁判決も原発の本質に対する基本的理解において欠けるところはなかったと評価できるのです。そして、そのような解釈をとるべき根本理念としては、「生存を基礎とする人格権は、憲法が保障する最も重要な価値であり、これに対し重大な被害を広く及ぼし得る事業活動を行う者が、極めて高度の安全性を確保する義務を負うとともに、国が、その義務の適切な履行を確保するため必要な規制を行うことは当然である」との憲法の精神があることも三浦反対意見の指摘するとおりなのです。

3 法の支配と最高裁判決

(1) 本判決の特徴

本判決は五四頁にわたるものですが、その内の約三〇頁を三浦裁判官の反対意見が占めています。しかも、その反対意見には、法令の解釈及び事実認定まで詳細に述べられていて、その体裁は一個の完結した判決に近いものとなっているのです。

三浦裁判官は、多数意見の内容に承服できなかったことから、自ら判決を書いて見せるしかないと思ったのではないかと推察されます。経済産業大臣の津波対策に係る命令のあり方等についての法解釈に当たっても、三浦裁判官は原発の本質を踏まえた正確な分析を加えています。

(2) 多数意見と三浦反対意見の対比

三浦反対意見は、格調の高さ、論理一貫性、具体性のすべてにおいて多数意見をはるかに上回っており、その説得力は極めて高いといえます。

裁判官の能力は自らが書いた判決の質の高さによって示されることは誰も否定できません。優れた判決を書くことは極めて高い能力が求められ、裁判官である以上、定年のその日までその能力を磨き続けることが必要です。そして、優れた判決を書くことに劣らず重要なことは、合議の裁判において、他の裁判官の意見を虚心坦懐に聴いて、自分の意見を修正することができることです。司法修習を経ただけの新任裁判官が重要事件の合議において一票を投じることができるという制度は、新任裁判官が優れた判決を書く能力を欠いていたとしても、他の裁判官の意見を虚心坦懐に聴いて、自分の意見を修正したり、意思を固めていく能力があることを前提としています。

三浦反対意見は極めて優れています。他の三人の裁判官（菅野博之裁判官、岡村和美裁判官、草野耕一裁判官）には、優れた判決を書く能力が欠けていただけでなく、他の裁判官の意見を虚心坦懐に聴いて、自分の意見を修正していく能力も欠けていたということになります。しかも、三浦裁判官の反対意見は判決に近い体裁をとっているのですから、多数意見と照合すればその優劣は明らかですが、多数意見の三人の裁判官にはその優劣さえも分からなかったということになってしまうのです。

合議を重ねたはずであるにもかかわらず、なぜ、そのようなことになってしまったのでしょうか。その理由は、多数意見の三人の裁判官の原発の本質に対する無理解だけではなく、他にも理由があるように思えるのです。

（3）法治主義と法の正当な適用

法治主義は法に従って政治が行われなければならないという近代国家の基本的な理念です。そして、その法治主義を守るために、裁判所には法の正当な適用が求められており、わけても最高裁には法の正当な適用が強く求められています。なぜなら、最高裁の判断は下級審の裁判官の判断を事実上強く拘束しているからです。

2の（4）で指摘したように、多数意見は、㋐本件長期評価の信用性の有無、㋑経済産業大臣は東京電力に対し津波対策を命じるべきであったか、それに従って、東京電力がいかなる措置をとるべきであったのかについて判断していません。しかし、㋐、㋑について判断しないままでは、経済産業大臣が命令をすれば事故を防ぐことができたか否かの判断ができないはずなのです。何をなすべきであったかの判断がないままに、行為と結果との間の因果関係の有無を判断することはできないのです。

このように、経済産業大臣の命令のあり方やその命令に対する電力会社のあるべき対応について、原子力基本法、原子炉規制法、電気事業法等の法解釈をするためには、必然的に、前記の原発の本質に対する理解と考察が必要となってきます。多数意見は、その原発の本質に関する考察と議論を避けるために、敢えて㋐、㋑の論点を無視したのではないかと思われるのです。すなわち、多数意見の三人の裁判官は裁判官としての能力に欠けたために㋐、㋑の争点について判断をしなかったのではなく、予め決めていた結論を導きやすいように、㋐、㋑の争点を無視するという愚挙に出て、法の正当な適用を担っている者としての役割を放棄したのではないかとの疑念が湧くのです。

このような多数意見の姿勢は、三浦裁判官にとっては到底看過できないものであったはずです。三浦裁判官は、この点を次のように明確に批判しています。

「多数意見は……上記法令の趣旨や解釈に何ら触れないまま、上記水密化等の措置の必要性や蓋然性を否定している。これは、長年にわたり重大な危険を看過してきた安全性評価の下で、関係者による適切な検討もなされなかった考え方をそのまま前提にするものであり、法令の解釈適用を踏まえた合理的な認識等についての考慮を欠くものといわざるを得ない。」

この三浦裁判官の批判は、津波による電源喪失の事故を防止するためにどのような対策をとるべきだったかは、原発の本質を踏まえた法的な分析を加えないと判断できないはずなのに、多数意見は法的な分析を放棄しているとの厳しい内容です。つまり、経済産業大臣や東京電力が「とおり一遍の事故の防止義務を負うだけ」なのか、それとも「事故を防止するために、考え得るすべてのことをなすべきである」という高度の義務を負っているかどうかは、原子力基本法等の法の趣旨や目的を解釈して分析しないと結論が出ない問題のはずです。三浦裁判官は、多数意見の裁判官に対して「裁判官の本来の職務である法の趣旨や目的を分析することを放棄することは許されない」と批判しているのです。

（4）法の支配

本件訴訟は、最高裁の裁判官として、国民の側に軸足を置いて判断するのか、国や行政の側に軸足を置いて判断するのかという裁判官としての基本的姿勢が問われた事件だったといえます。

日本国憲法は裁判官に対し国民の側に軸足を置いて裁判官としての責任を果たすことを求めています。三浦裁判官も指摘するように、生存を基礎とする人格権は憲法上最も重要な価値です。民主主義国家における基本理念である「法の支配」とは、「国民固有の権利である人格権を最大の価値とすべきとの憲法が定めている法秩序を裁判所の手で守りなさい」という憲法の裁判官に対する命令です。最高裁判所はこの「法の支配」の最終的な担い手なのです。法の支配は単に法律に従って政治がなされることを求めるものではなく、その法律の中身や適用が憲法の理念に沿うことを求めているものです。

多数意見の三人の裁判官は裁判官としての能力や資質に欠けるところがあったのではないかという疑念と共に、三人の裁判官は「結論ありき」で三浦裁判官の意見に対して聴く耳を持たなかったのではないかと思われるのです。「結論ありき」の姿勢は、法と論理に従うべき裁判官にとって最も忌むべきもので、法の支配の担い手として許されざるものです。

国は、経済産業省を中心として、電力会社と共に、原発推進という国策を進めています。特に、東京電力は実質的に国有化されていることから経済産業省（国）と一体化しています。また、東京電力は「五大法律事務所」と呼ばれる巨大法律事務所に原発問題に関する弁護活動の依頼をし、「五大法律事務所」は多額の利益を得ているのです。

本書の第9章で触れるように、本件について裁判長を務めた菅野博之裁判官は、この判決を下した翌月の七月に四二年間にわたる裁判官生活を終えて定年退官し、翌月の八月に五大法律事務所の一つである「長島・大野・常松法律事務所」の顧問弁護士となりました。同事務所の弁護士は東京地裁が東京電力の旧経営陣に一三兆円余の損害賠償責任を認めた株主代表訴訟においても東京電力の代理人として訴訟に関与しました。岡村和美裁判官は以前、その「長島・大野・常松法律事務所」の弁護士であり、草野耕一裁判官は五大法律事務所の一つである「西村あさひ法律事務所」の代表経営者から最高裁の裁判官になった人物であり、その事務所もまた東京電力と深いつながりがあるのです。国と東京電力が利害を一致させる中、その東京電力からの依頼を受けている法律事務所が、国策について最終的な裁判をしなければならない最高裁裁判官の出身母体であり、かつ退官後の就職先にもなっているという構造が作り上げられているのです。ただ一人、反対意見を書いた三浦裁判官だけがその構造の中にいなかったということになります。

最高裁は、常々、下級審の裁判官に対して「常に公平らしくあれ」と言いながら、最高裁を含め四二年間も裁判所にいた人物が、退官直後に平然と、最も公平らしさを損なう行動をとっていることから、最高裁ではこのようなことが常態化しているのではないかとの疑念がわくのです。

(5) 司法権の独立について

憲法七六条三項は、「すべて裁判官は、良心に従い独立して職権を行い、この憲法及び法律にのみ拘束される」と規定しているのです。しかし、司法権の独立は今大きな危機の中にあるといえます。最高裁がとるであろうという結論を見越して判決を書いている裁判官が極めて多いのです。特に、国策に関わる事件については、下級審も最高裁で破られることがないように国策寄りの判決を書く傾向にあります。しかし、それは憲法違反です。憲法と法律と良心に従っているのではなく、最高裁で維持されるかどうかという雑念で裁判をしているからです。まさに、そういう雑念を排除すべきだと定めているのが憲法七六条三項なのです。

雑念を排除して、法と良心に従って裁判をすれば、結果が悪くてもその裁判官の責任ではありません。法が悪かったという話です。他方、最高裁がこういう判決をするのではないかという雑念で判決を出したら、その判決の責任はすべてその裁判官個人が負わなければなりません。それは一生責任を負うことになり、あの世に行っても責任を負わなければならないのです。すなわち、歴史の審判を受けることになるのです。

(6) 本判決後の裁判

本判決の約一か月後の二〇二二(令和四)年七月一三日、東京地裁は株主代表訴訟の判決において、福島原発事故当時の東京電力の役員四名に対し、一三兆円余の損害賠償金を東京電力に支払うよう命じました。論点がほぼ共通する事案であったにもかかわらず、東京地裁は最高裁の多数意見を良しとすることなく、取締役の賠償責任を認めたのです。

しかし、二〇二三(令和五)年三月一〇日の仙台高裁判決は、経済産業大臣が規制権限を行使しなかったことが重大な義務違反であるとまで認定しながら、前後の脈絡なく最高裁の多数意見に従って住民側の請求を棄却しました。その後も、同年一一月二二日名古屋高裁判決、同年一二月二二日東京高裁判決、同年一二月二六日東京高裁判決、二〇二四(令和六)年一月一七日仙台高裁判決、同年一月二六日東京高裁判決のいずれもが、仮に津波対策をとったとしても事故が回避できたとは認められないとし、最高裁の多数意見に追従した判決が出されました。

(7) 結語

法律家に限らず理性人であれば、最高裁第二小法廷における多数意見と三浦反対意見の優劣が分かるはずです。そのことは、菅野裁判官をはじめとする三人の裁判官の経歴や退官後の行動に対する疑惑と相まって、「最高裁第二小法廷判決は結論ありきで論理を無視して下された」との深い疑念を抱かせるに充分なものです。

しかし、今後も、仙台高裁に見られるような論理性を無視して結論を最高裁の多数意見に合わせる下級審判決が出ないとも限らないのです。そうなると、最高裁のみならず裁判所全体に対する国民の信頼が損なわれることになります。法律家を含む多くの者が「最高裁というところは、所詮、国に忖度する組織で、論理よりも結論ありきで、下級審の裁判官たちも最高裁に盲従するだけだ」と発言することでしょう。そして、その声は広がってゆき、やがて司法を支えている国民からの信頼は完全に失われることになります。このような事態を収拾する最良のそしておそらく唯一の方法は、最高裁自らが第二小法廷の判決を速やかに改めることです。そうすることによって、六・一七最判は、最高裁の中での一部の不見識者（裁判官としての能力を著しく欠く者、または利権構造の中に浸っている者）によるものであって、最高裁は今なお健全であることを示すことができるのだと思います。

〈参考文献〉

・東京電力福島原子力発電所事故調査委員会『国会事故調査報告書』徳間書店、二〇一二年。
・島崎邦彦『3・11大津波の対策を邪魔した男たち』青志社、二〇二三年。
・後藤秀典『東京電力の変節——最高裁・司法エリートとの癒着と原発被害者攻撃』旬報社、二〇二三年。
・黒川清『規制の虜——グループシンクが日本を滅ぼす』講談社、二〇一六年。

第3章

最高裁判決の訴訟法上の問題点

長島光一

1　最高裁判所の判決の「信頼」への懐疑

裁判所は、「白黒つける」場所だと思われがちですが、白黒つけさえすればいいわけではありません。裁判所は、「当事者の主張や証拠に基づき、事実を認定し、法的な判断をする」場所なのです。したがって、裁判所は、当事者の訴訟活動に拘束され、当事者の主張が法的に認められるのかを判断する手続といえます。そして、その判断にあたっては、「白黒つける」よりも、「どのような理由で白黒つけたのか」が重要であり、その「理由」が丁寧に書かれているからこそ、当事者は「納得」します。もちろん、納得がいかない場合には、控訴・上告により、再度の判断を求めることができます。

最高裁判所の場合、こうした当事者の訴訟活動に拘束されるだけでなく、最高裁判所独自の拘束があります。それが、民事訴訟法三二一条一項「原判決において適法に確定した事実は、上告裁判所を拘束する」という条文です。最高裁判所は、法律審といわれており、あくまで法的な議論のみを扱います。事実については、原判決（高等裁判所の判決）で認定されたものを前提にしなくてはいけません。

最高裁判所は、最終的な判断を下すとともに、法令解釈の統一を図る権限を持ち、「憲法の番人」と呼ばれることもあり、ときに人権救済の画期的な判決を出すこともあります。一般には、「正しい判断をしてくれるはず」という信頼があるように思えます。そして、裁判に関わる様々な法律（裁判法、民事訴訟法など）も、特に最高裁判所については性善説で成り立っているといえます。しかし、最高裁二〇二二年六月一七日判決（以下、六・一七最判と略す）は、この信頼を疑うような事態が発生したといえます。

本章では、民事訴訟手続や最高裁判所の手続など、訴訟法に焦点を当て、この判決の問題点を指摘していきます。まず、2で問題点を指摘し、3でこの問題に対する現行法上の処遇、4でこうした問題が生まれた最高裁の審理について説明し、5で今後に向けた展望を述べます。こうした中で、問題が生まれた理由はどこにあるのか、この判例は他の裁判を拘束するかといったことを検討します。

2　最高裁判決の手続上の問題——手続の無視

(1) 判決の概要

福島原発避難者訴訟は各地で提訴され、それぞれに訴訟が進行し、生業訴訟仙台高裁判決、群馬訴訟東京高裁判決、千葉訴訟東京高裁判決、愛媛訴訟高松高裁判決の四判決に対し、最高裁が統一的な判断をしました（六・一七最判）。結論として、国の責任を否定するという判決でしたが、多くの高裁で検討されてきた予見可能性の議論は明確に判断されずに、「対策をとったとしても防げなかった」という因果関係の問題として判断されています。そして、判断にあたって、建屋水密化措置のように、当該敷地が浸水することを前提とする防護の措置について「指針となる知見も存在していたとはうかがわれない」とし、また、「防潮堤等によっては上記津波による本件敷地の浸水を防ぎきれないという前提で……他の対策を講ずることを検討した蓋然性があるとはいえない」としています。

この判断には、結論の当否だけでなく、①これまで議論してきた予見可能性の判断をせずに因果関係の判断をしたこと、②これまでの裁判で前提とされてきた建屋水密化措置の知見をなかったとしたこと、③防潮堤以外の対策を講じることを検討した蓋然性がないとしたこと等、判断過程や事実認定における手続上の問題が多くみられます。以下、（2）～（6）まで五点説明します。

（2）法律審なのに事実認定をする越権行為

最高裁判所は、終審裁判所として、法令審査権と法令解釈の統一を主要な使命とされる「法律審」となっています。これは、最高裁判所が法律審であり、原判決（高裁判決）をもっぱら法令に違背するかどうかの観点から審理し、事実を自ら認定しなおすことをしないことを意味します。これを規定しているのが、民事訴訟法三二一条一項です。

六・一七最判以前は、建屋水密化措置の知見や防潮堤以外の対策があることを前提に判断されたものがほとんどであり、各高裁も予見可能性や結果回避可能性があるかを判断してきました。ところが、最高裁が、各高裁で認定した事実を覆してしまっている状況になっています。

では、最高裁判所は「事実」を一切判断しないのでしょうか。例外もあります。

①事実認定にあたって、事実の確定方法に問題があれば、最高裁判所はその確定方法の違法を指摘

し、正しい認定をやり直すように、やり直し（破棄差戻し）を命じます。最高裁判所は事実問題を取り扱わず、法律問題のみを取り扱うため、両者の区別が問題になり、ドイツではこの区別を巡って議論が進展していますが、日本ではそうした議論なく、問題提起もされてきませんでした。

また、②訴訟要件（訴訟が成り立つための条件）や手続法の強行規定など、職権調査事項（民訴法三二二条）とよばれる裁判所が自ら調査して判断できるものである場合には、手続に瑕疵があったとして、最高裁判所がその判断をします。

そして、③その認定が経験則違反の場合には、経験則は事実ではないことから、最高裁判所は原審の用いた経験則（論理法則）に拘束されずに判断できます。経験則は、「経験から帰納して得られる事物の性状や因果の関係に関する知識、法則」のことです。もしこの法則につき誤った経験則を用いていた場合にも、原判決を破棄できます。

このような例外を見てわかるとおり、最高裁は進んで事実認定の誤りを正すのではなく、原審（高裁）の事実認定過程そのものに、裁判の本質からみて看過しがたい瑕疵が存在する場合に、それを是正する権限が認められているに過ぎません。

仮に事実認定の方法や経験則に誤りがあれば、破棄差戻しをして、事実認定をやり直すべきですが、六・一七最判は、破棄差戻しをせず、自ら事実についても判断をしました（破棄自判）。本件に限らず、最高裁判所は事実認定に介入していこうとする傾向がみられますが、裁判の前提を無視してはいけないはずです。なお、「（異なる）視点からとらえ直してみれば別の結論が出てくるのではないかと思えることがあった。しかし事実認定は原審の専権事項であり、かつ弁論主義の制約に服するから、当審としては口をはさむことができない。釈明権を行使できなかったのかなと残念に思うことがあった。」と回顧する元最高裁判事もいます（奥田昌道『紛争解決と規範創造』有斐閣、二〇〇九年、一二三頁）。このように、あくまで原審の事実認定のもとで判断を下すのが最高裁の正しい姿だと思います。

（3）上告受理したのに予見可能性判断せず

最高裁判所は上告受理制度が導入されており、原審判決に不服がある場合の上告の際に、上告受理の理由が限定されています。これにより、負担過重の状態にあった最高裁の負担が軽減され、憲法判断および法令の解釈の統一という責務を十分に果たすことが目指されたという経緯があります。そうなると、最高裁判所は、上告受理されたことを判断することが求められます。

本件で一審被告国は、国賠法一条および電気事業法四〇条の解釈の誤りを指摘し上告受理の申立てをし、受理されていました。そうなると、当然にその部分の判断がなされると思われていました。しかし、六・一七最判には、その部分への言及がなく、当該法令の解釈の誤りを何ら指摘することもありませんでした。

最高裁判所は、法令解釈統一の機能を有していますが、これは高裁で分かれた判断を統一することに意味があります。この「統一」は、結論部分ではなく、法令解釈です。本件では、予見可能性があるのかにつき判断が分かれていた以上、この予見可能性の判断をする必要がありました。

両当事者は当然に、上告受理された事項、すなわち、争点であった法令違反を構成する予見可能性についての判断を想定して弁論を行いますが、原審で争点になっていなかった部分を最高裁が判断したとなると、民事訴訟法の基本的な考え方である、**処分権主義**（民事訴訟の当事者に、訴訟の開始、審判対象の特定やその範囲の限定、判決によらずに終了させる権能を認めること）や**弁論主義**（裁判の基礎となる訴訟資料の提出を当事者の権能かつ責任とすること）を後退させることになり、裁判の根幹を覆すことになりかねません。

（4）統一判断の弊害

本件は、四つの訴訟が最高裁に係属され、統一判断がなされています。しかし、裁判は個別的な解決を志向するため、弁論主義のもとで、それぞれの主張や立証から判断を下す必要があります。請求や主張、そして判決自体も四つの訴訟で異なっている部分もあります。そうなると、事案と認定事実からくる限界があります。

本件において、防潮堤等の設置が基本的な考えであったことにつき、原審の四判決ともに認定されている一方、生業訴訟、千葉訴訟、愛媛訴訟の三判決は水密化等の措置が実用的なものであったという事実を認定し、それに基づく判断をしています。こうした判断をしていない群馬訴訟の判断を前提に、他の訴訟の判断を覆してしまうと、三判決の当事者は、前提事実が変わり、反論の前提を崩される不意打ちになってしまいます。少なくとも、三判決については、水密化等の措置について、事実問題である水密化措置の是非について審理を尽くす必要があったといえます。

このように、四つの訴訟は、全体としては国の責任を問うという同じ問題であるとしても、当然として争点になっていない前提事実につき、最高裁が別の訴訟で獲得した事実判断を援用してしまうことで、**不意打ち**の問題が生じてしまっています。そもそも統一判断をするべきであったのか、さらには、統一判断できる性質のものなのか疑問が生じます。

（5） 事実認定の誤りの可能性

最高裁判所が事実認定を行うという越権行為に加えて、事実認定それ自体に誤りがあった可能性もあります。

六・一七最判は、高裁で議論となった法律問題の前提につき、「仮に対策を講じたとしても防げなかった」と一定の事実を仮定して、その仮定に基づく結論のみを示し、この対策として、防潮堤しか考えられなかった旨を述べていますが、実際には、すでに他の原発でも用いられている技術であるはずの水密化を事故以前には知見なしと断定しています。原審のどの部分から、さらに言えば、どの証拠からそのような「防潮堤以外の対策は考えらない」、「仮に対策をしても防げない」という心証を得たのでしょうか。証拠の提示もなく、この判断（事実認定）の過程が見えないために、**裁判の検証**ができないという問題が生じています。なお、東京電力は震災後の検証で、防潮堤以外の対策の可能性を明らかにしています。

民事訴訟法二四三条は、「裁判所は、訴訟が裁判をするのに熟したときは、終局判決をする。」とあり、議論が熟していないにもかかわらず判断をすることは誤りです。最高裁においても、仮に疑問を挟む余地があったとするならば、それについて主張を求めるなど、手続をふむ必要があったといえます。

(6) 上告審の審理過程の不明

最高裁判決は、**多数意見**のほか、結論は賛同するも理由を補足する**補足意見**、結論に反対する**反対意見**などから構成されます。

六・一七最判は、多数意見部分が薄く、どうしてそのような結論になったのか不明確なままです。一方、補足意見や反対意見には争点であった予見可能性の議論をはじめ詳細な議論が記されていました。様々な意見がついた状況やその内容からも、理由づけについて意見が分かれ、多数意見が形成できなかったことがうかがえます。最高裁判決は**多数決**による判断ですが、重要な争点については、結論だけではなく、理由の一致も必要です。

なぜなら、理由が不明確なまま結論のみが出されたとなると、最高裁のもつ法令解釈の統一という法律審の意味がなくなってしまうからです。後述のとおり、上告審の審理方法は、最高裁元判事の回顧録等から明らかになってきましたが、最高裁の合議で、判断の理由につき意見が分かれた場合の処理、例えば、本件で差戻しをするかどうかなどは裁量的でよいのかなお不明確なところも多く、問題が残ります。

3 想定されていない「最高裁が誤った判断をた場合」の処遇

(1) 民訴法三二一条一項違反の処遇

最高裁が原判決とは異なる事実を認定して判断をしてしまった場合に、どのような処遇になるのでしょうか。民訴法三二一条一項に違反している以上、その違反の効果が問題になりますが、実はこの場合に対応する規定がないのです。これは、法が予定をしていないものであり、**立法の不備**といえます。一般論からすると、再審により判決を取り消すことが考えられますが、**再審事由**(民訴法三三八条)が限定されていることからその方法はとれません。そうなると、違法な事実認定(民訴法三二一条違反)に基づく判断をただす道は、現行法上存在しないという不合理な結論にならざるを得ません。

そもそも本件は、例えば、「Aという前提だからB」という事実関係につき、裁判所によってAという事実について判断が分かれた場合、最高裁はその判断枠組みを提示したうえで、その事実を再検討させる**破棄差戻し**をしたうえで、原審に再度判断をさせる必要がありました。本件において、各訴訟の主張立証に差異がある以上、前提事実が異なることはやむを得ません。その事実判断をやり直す手続をとらずに結論のみ示す方法は、当事者にとっては不意打ちといえ、**攻撃防御**を尽くさせる必要がありました。

では、残念ながら、六・一七最判の確定により、どのような効力が生じるのでしょうか。

(2)確定した「誤った事実認定」の既判力

裁判の拘束力のことを**既判力**といいますが、上級審の下級審に対する既判力の効力は、具体的事件における当事者の不服申立てに基づいて破棄の理由となった同一の処理や判断を下級審に繰り返させないという消極的な関係にすぎません。

通常は、最高裁判決により紛争は解決をみます。しかし、福島原発避難者訴訟は、後続訴訟として数多くの裁判が引き続き行われている現状があります。この場合、誤った事実認定に後続訴訟は拘束されるのか、最高裁判決の射程が問題になります。

本件が本来破棄差戻しすべきだった事案であることから考えると、六・一七最判の拘束力も破棄差戻判決の場合の既判力の議論が参考になります。裁判所法四条は、「上級審の裁判所の裁判における判断は、その事件について下級審の裁判所を拘束する。」と規定されています。これは、上級審裁判所が原判決を破棄し、下級審に差戻した場合、破棄の理由となった判断に、さらにその事件を審判する下級裁判所が拘束されるという意味です。破棄差戻判決の拘束力は、あくまで法律問題の判断に限定され、破棄に対して縁由的な関係に立つ判断には原則として拘束力は生じません。このような破棄の理由とされた点に関する対象が限定的に扱われるのは、**当事者に十分主張立証を尽くさせなければならない**という考えが背景にあるからです。そして、これは「その事件」についてのみ該当し、事件外には適用されません。

最高裁は、**自由心証主義**（事実認定・証拠評価について裁判官の自由な判断に委ねること）に内在する規範として原審の事実認定に拘束され、事実認定が誤っているとの判断を下す場合には、経験則違反などによるしかなく、最高裁のとりあげた上告受理の項目との関係で、その取り上げた項目につき、原審の判断のどの部分がどのような理由で誤っているのか（経験則違反なのか）を明示する必要がありますこれがないのにもかかわらず、過度にその拘束力を広げていくことは、**手続保障の観点**から適切ではありません。

（3）最高裁判決の射程

憲法七六条三項には、「すべて裁判官は、その良心に従ひ独立してその職権を行ひ、この憲法及び法律にのみ拘束される。」とあります。最高裁が結論を示した以上、理由はともかくその結論を踏襲すればよいと考える裁判官がいるとしたら、それは誤りです。なぜなら、最高裁判決があるとしても、**良心**に基づき判断をすべきだからです。

また、裁判は個別事件の解決が基本であり、裁判によって主張や証拠が異なっている場合も多く、あくまで当該事件の裁判の審理し、主張や証拠を吟味した結果として出される判決である必要があります。**結論ありきの判決**でよいはずがありません。

そこで、六・一七最判の射程を考えると、そもそも六・一七最判の結論が他の裁判所を拘束するのかどうかは疑わしいと考えます。なぜなら、最高裁の判決であっても、違法な事実認定（民訴法三二一条違反）に基づく判断である以上、それに拘束される謂れはないからです。

そもそも、日本は英米と異なり先例拘束性はなく、最高裁判所民事判例集（民集）に掲載されるような重要な判例が事実上、下級審に影響を及ぼすことにとどまります。

また、当事者も異なり、争点や主張する内容も異なる場合には、異なる前提のもとで、異なる判断も出しうるはずです。こうした視点からすると、後続訴訟の裁判官は、最高裁の判断に拘束されずに、**自由心証主義**に基づき、国の責任を判断する必要があります。

4 最高裁の審理と判断のあり方――最高裁はどのように審理をするのか？

（1） 最高裁の審理

ここまで最高裁の手続上の問題を指摘してきましたが、そもそも最高裁はどのように審理を行っているのでしょうか。

最高裁には、三つの小法廷（各五名の最高裁判事）、そして、事件によって全員が審理をする大法廷があります。事件は、受付順に従って、民事や刑事などの事件の種類により、各小法廷に割り振られ、主任裁判官と担当調査官が機械的に決まります。担当調査官が事件調査をした後、**持ち回り事件**（**持ち回り審議事件**）と**審議事件**（**期日審議事件、合議事件**）に区別されます。小法廷で毎年一五〇〇件ほどの事件が扱われ、調査官報告書、裁判記録の全部を読んで検討されています。そのうち、八〇あまりが審議事件として、五人全員で意見交換をして判断が下されます。審議事件は、各自が検討して審議期日に五人それぞれが意見を述べて検討され、結論が出たところで裁判書（判決）が起案され、意見（補足意見や反対意見）があるときは、これに加えてそれぞれが起案することになります。

六・一七最判の多数意見、補足意見、反対意見もこうした過程を経て出されました。

（2）最高裁調査官の存在

最高裁判決はいきなり最高裁判事が書くわけではありません。最高裁調査官が準備をした裁判書原案をもとに、最高裁判事が議論・修正します。

では、事件処理の下支えをしている**最高裁調査官**はどのような仕事をするのでしょうか。最高裁には、民事調査官室（一八名）、行政調査官室（九名）、刑事調査官室（一〇名）があり、首席調査官を加えた三八名で構成されます。調査は、担当した調査官が一人で行います。すなわち、担当調査官がその責任で、担当事件の記録を精査し、問題についての先例・学説を調査し、事件処理の方向性についての意見を付して、報告書を作成します。各裁判官は、この報告書を読み、議論を行うことになります。持ち回り事件であっても、審議事件の方がよいと考える裁判官がいる場合には、その裁判官の意見をふまえ、より詳細な報告書を作成するといわれています。

最高裁調査官は、こうした①事件の調査と報告書の作成に加えて、②審理の立会い、裁判書原案の作成、③判例委員会への出席（判例集に登載するのに相応しいものを選定）、④判例解説（判例集に登載される判例の解説執筆）などの仕事を行います（例えば、ジュリスト「時の判例」や判例時報や判例タイムズのコメント）。

②については、合議に立会い、その議論を聞き、多数意見が形成されたとき、その最大公約数をもとに裁判書原案を作成します。その結果、各裁判官は過不足を感じたり、その表現に少々の異論があると考えても沈黙することが多いそうですが（滝井繁男「最高裁審理と調査官」市川正人ほか編『日本の最高裁判所』日本評論社、二〇一五年、二三八頁）、裁判官の中の異なる意見は傾聴すべき合理性、説得性を伴っているものもありますから、少数派の意見でも多数派の意見に矛盾なく取り入れることをできないか、**すり合わせ**を行うことで、少しでもよい法廷意見を作ることもあるそうです（大野正男『弁護士から裁判官へ』岩波書店、二〇〇〇年、二九頁）。

六・一七最判では、こうしたすり合わせはどれほど行われたのでしょうか。

（3）最高裁の審理に潜む問題

最高裁の審理と判決のプロセスは、このように大枠は決まっているものの、実際のところ、審理や裁判書作成の仕方は小法廷によっても異なるようですし、手続として決まっていないことも多く、その結果、問題が生じることもあります。

例えば、**全農林長崎事件**（最高裁一九七三〈昭和四八〉年四月二五日大法廷判決）では、最高裁判事一名が**回避**（自ら判断を退くこと）したことにより、一四名の審判となりましたが、結論は一致したものの、破棄の理由として、原判決の憲法解釈を誤りとする意見と制限解釈は認められるとしても事案に対する適用に誤りがあるとする意見が七対七で分かれました。つまり、多数意見がないまま差し戻されてしまう状況でした。この事案では、一人の裁判官が意見を変更したので収まりましたが、こうした状況が再度起こりうるまま今日に至ってしまっています（法学セミナー増刊『今日の最高裁判所』日本評論社、一九八八年、八八頁［中村治朗発言］）。

また、**大阪国際空港事件**（最高裁一九八一〈昭和五六〉年一二月一六日大法廷判決）は、小法廷で審理され判決が出ようとしたところ、突然に、大法廷回付が決まりました。最高裁判所裁判事務処理規則九条3号には、「大法廷で裁判することを相当と認めた場合」とあるだけで基準が不明確でしたが、のちに、いわゆる團藤ノート（團藤重光最高裁元判事の遺品）により、元最高裁長官の意見も影響したとみられており、公正な取り扱いがされているのか、疑念を抱く状況が生まれています。

六・一七最判も、まさに全農林長崎事件のようなことが起こった可能性がありますし、論点に対する明確な法的な議論なく判断されていることを考えると、大阪国際空港事件のような不公正な取り扱いがあったのではないかという疑念を生じさせる事態になっています。裁判所・裁判官は主観として「公正」であればよいのではなく、「**公正らしさ**」が重要なのです。

5　最高裁判決のその後——判決が出たら終わりか？

（1）最高裁判決の変更の可能性と手続

通常、民事訴訟は個別的な解決を志向することから、その事件につき最高裁判決が出た以上、その判決を是正する機会はほとんどありません。しかし、例外もあります。

非嫡出子相続分差別事件（最高裁二〇一三〈平成二五〉年九月四日大法廷判決）は、遺産相続の際に、結婚していない男女間に生まれた子（非嫡出子）の取り分を、結婚している男女間に生まれた子（嫡出子）の半分とする民法の規定（旧民法九〇〇条四号但書）について、法の下の平等を定めた憲法一四条に違反するという判断をしました。しかし、同じ事案で、一九九五（平成七）年の大法廷判決をはじめ、その後二〇〇〇（平成一二）年、二〇〇三（平成一五）年、二〇〇四（平成一六）年、二〇〇九（平成二一）年と、合憲判決が続いていました。しかし、二〇一三年には、最高裁判事全員一致で、逆転の違憲判決となりました。このように、同様の事件が続く場合、その判例が変更されることもあります。

福島原発避難者訴訟の場合、社会の状況によってその価値観が変わるような事件とは性質が異なりますが、当事者、主張や証拠が異なる訴訟が続いていることから、後続訴訟で異なる主張や証拠を取り入れて、六・一七最判とは異なる判断が出る可能性もあります。

通常の判例変更は、大法廷で行う必要がありますが、事実の前提が異なる場合には、大法廷に回付しなくても、小法廷で判決は出すことは可能です。最高裁の小法廷の構成員も段々と変化する中、同種であるとしても異なる事件として最高裁に係属された場合、争い方との関係で上告受理されるかどうかも含めて、今後の展開に注目する必要があります。

そして、前述の通り、六・一七最判の既判力は限定的なはずですが、最高裁の判断ということもあり**事実上の影響力**はありそうです。しかし、国の責任という同じ問題だとしても、別の事件である場合には判断を統一する必要はありません。

最高裁は、**諫早湾干拓訴訟**をめぐる判断（最高裁二〇一五〈平成二七〉年一二月二二日決定）において、「民事訴訟においては、当事者の主張立証に基づき裁判所の判断がされ、その効力は当事者にしか及ばないのが原則であって、権利者である当事者を異にし別個に審理された確定判決と仮処分決定がある場合に、その判断が区々に分かれることは制度上あり得るのであるから、同一の者が仮処分決定に基づいて確定判決により命じられた行為をしてはならない旨の義務を負うこともまたあり得る」として、「開門するかどうか」という判断を統一せずに、前提事実の違い、当事者の違い、主張の違いを重視した判断をしています。

「同じ事実なのに裁判が異なれば違う判断をしてもよいのか」という問題もたしかにありますが、事実として、最高裁自身、東電が水密化等の措置を講じることはできなかったと国の責任を否定する一方、東電の責任は肯定され、東電の上告は棄却されました（二〇二二年三月七日に上告不受理決定）。つまり、同じ事実につき、東電との関係では水密化等の措置を講じることができる前提で責任を肯定し、国との関係では水密化等の措置を講じることができない前提で責任を否定する結果になっています。裁判所として事実を扱う態度は、諫早湾干拓訴訟の判断のように慎重になるべきです。

（2）後続訴訟の状況

最高裁判決後、**東電株主代表訴訟東京地裁判決**（東京地裁二〇二二〈令和四〉年七月一三日判決）、**南相馬訴訟仙台高裁判決**（仙台高裁二〇二二年一一月二五日判決）などの判決が続いています。そこでは、東電は対策をとることができなかったとされる旨の最高裁判決は援用されずに、責任を認める判断が出ています。

一方、**いわき市民訴訟高裁判決**（仙台高裁二〇二三〈令和五〉年三月一〇日判決）をはじめ、**愛知訴訟高裁判決**（名古屋高裁二〇二三年一一月二二日判決）、**東京訴訟高裁判決**（東京高裁二〇二三年一二月二六日判決）、**千葉二陣高裁判決**（東京高裁二〇二三年一二月二二日判決）、**山形訴訟高裁判決**（仙台高裁二〇二四〈令和六〉年一月一七日判決）、**神奈川訴訟高裁判決**（東京高裁二〇二四年一月二六日判決）と、最高裁判決への批判や問題点を顧みず、最高裁の出した結論を踏襲する判決も続いています。しかし、仙台高裁判決では、国の義務違反を認定しており、論理的、内容的には国の責任を認める結論になるはずの判決ともいえます。**法的安定性**という視点は重要ではありますが、最高裁判決の結論に合わせることで、論理矛盾のかえってアンバランスな判決になってしまっています（仙台高裁判決では、さらに証明度を高く設定している点も問題です）。六・一七最判に法的な拘束力がないとしても、最高裁判決というものの自体が**事実上の影響力**を及ぼしていることは想像に難しくありません。

しかし、あくまで当該訴訟の主張や証拠に基づく判決を出す必要があります。

（3）本章のまとめ

違法な事実認定に基づく可能性の高い六・一七最判は、手続保障の観点から、拘束力は限られた範囲になると考えられるため、事案が異なる後続訴訟の場合にはその対象から外れるといえます。

最高裁による概括的な判断は、一見、当事者の早期救済に資する点で妥当と思われる側面もありますが、最高裁がこれまでの争点を超えた広範な判断を安易に行うことは不意打ちになりえます。当事者には、それを争点とすることにつき、反論の機会が保障されるべきです。もし、こうした機会がないまま判断されてしまうことは、信義則上問題があると言わざるを得ません。

したがって、六・一七最判の拘束力は、防潮堤という限定的な対策措置を前提にする場合に限られ、後続訴訟において、主張や立証で異なる事実認定をした場合には、その適切な事実認定に基づく判断をすべきです。その際には、最高裁が認定したように、本当に「事故は防げなかった」のかを再検証する必要があるでしょう。後続訴訟では、手続保障が尽くされていない最高裁の判断（「防げなかった」という結論のみの判断）に拘泥することなく審理を進める必要があります。

〈**参考文献**〉

・中野次雄編『判例とその読み方（三訂版）』有斐閣、二〇〇九年。
・市川正人ほか編『日本の最高裁判所』日本評論社、二〇一五年。
・長島光一「最高裁判所の越権行為に対する規律と是正――福島原発避難者訴訟最高裁判決の民事手続上の問題点」判例時報二五四三・四合併号（二〇二三年）一一九頁。

第4章

被害者への損害賠償をめぐる到達点

若林三奈

1　奪われた平穏な日々のくらし

東京電力福島第一原子力発電所事故（以下、福島原発事故と略す）では、多くの住民が避難を余儀なくされ、長期にわたって、永年住みなれた土地やコミュニティから離れての生活を強いられました。事故による避難者数は、福島県が把握しているだけでも、二〇一二年のピーク時には一六万人を超え、それから一〇年以上が過ぎた今でも二万六〇〇〇人の方たちが避難生活を余儀なくされています。

原発事故による損害の賠償は、一九六一（昭和三六）年に定められた原子力損害の賠償に関する法律（以下、原賠法と略す）によって処理されます。福島原発事故については、事故を起こした原子力事業者である東京電力（以下、東電と略す）がその責任を負います（そのうえで、原発政策を推進し、原子力事業者に許可を与え、その事業の安全に規制権限をもつ国の責任が問われています）。被害者は、賠償を請求するにあたって、東電の故意や過失を証明する必要はありません。また東電が負う賠償額には、法律上、上限はありません。東電は、いったん事故を起こしたからには、被害者の個別具体的な事情に応じて、「事故と相当因果関係のある損害」を賠償しなければなりません。相当因果関係のある損害とは、簡単に言えば、法律家が考えるところの常識の範囲での損害ということになります。その金額も相当な（合理的な）範囲となります。損害賠償請求権は個々人について発生するため、損害の賠償についても、個々人に対して、個人単位で行うのが原則です。

福島原発事故が発生する以前にも、国内で原子力事故はありました。一九八一年の敦賀原発事故や一九九九年の東海村臨界事故です。しかし、二〇一一年に東日本大震災をきっかけに発生した福島原発事故による被害は、これまでの事故とは比べものにならないほど、広い範囲で、しかも長期間にわたって、極めて深刻な被害をもたらしています。多くの住民から生活基盤を奪い、地域コミュニティを破壊し、それは今なお回復していません。そのため、居住地において平穏な日常生活を送っていた多くの住民が、そこから得ていたあらゆる生活利益を失うことになりました。原発によって破壊された、私たちの平穏な日常生活が個々人においてもつ価値やそこから得られる利益とは何か。これを明らかにすることが、被害を回復していくうえで鍵になります。

2　原子力損害の賠償における指針の役割

福島原発事故については、事故から一か月後の二〇一一年四月に、原賠法に基づき、文部科学省に法律や医学の専門家等から構成される「原子力損害賠償紛争審査会」（以下、原賠審と略す）が設置されました。原賠審では、事故によって生じた様々な被害のうち、原子力損害として東電が賠償すべき損害の目安として、それに該当する項目や範囲について、順次、指針が作られました。この指針は、加害者である東電と被害者とで、事故による賠償問題について、自主的な（話合いによる）解決を促すためのものです。被害者はこれに縛られる必要はありません。指針には掲載されていない損害項目についても、また指針の金額が被害実態にあっていない場合にも、それらの点について、被害者は主張することができます。指針は、あくまでも、被害者への損害賠償を円滑に進めることを目的とした賠償の目安（最低ライン）にすぎませんから、裁判所の判断を拘束するものでもありません。

原賠審は、二〇一一年八月五日には、「東京電力株式会社福島第一、第二原子力発電所事故による原子力損害の範囲等に関する中間指針」を取りまとめました。それに先立ち、六月には、避難等対象者について、自宅以外での生活や（屋内退避により）行動の自由の制限等を余儀なくされたことにより、「正常な日常生活の維持・継続が長期間にわたり著しく阻害された」として、その精神的苦痛も賠償対象となる方針を示しました。世帯単位ではなく、年齢や世帯構成を問わない個人単位で、一人につき月額一〇万円（避難所等の場合は一二万円）が支払われます。しかし、これは国から避難指示を受け強制的に避難させられた住民だけを対象としています。けれども、避難指示区域の外からも、被ばくのおそれから多くの住民が避難しました。これら区域外からの避難者は、国の指示のないままに避難したことから自主避難者と呼ばれ、「避難等対象者」に対する賠償の支払い対象とはされていません。そのため区域外から避難した住民は経済的にも極めて厳しい状況におかれました。

その後、原賠審では、区域外避難者にも個別具体的な事情に応じて実費賠償を行うことを当然の前提としたうえで、避難指示のなかった福島県内の二三市町村（福島市や郡山市など）の住民に限定して（県南や会津地方は除外）、避難の有無にかかわらず（被災地にとどまり続けた場合でも）、全住民に少なくとも共通に生じた損害として、一回かぎりの「一時金」を支払う方針を示しました。しかし、その金額は、大人一人につき八万円、子どもや妊婦は四〇万円に過ぎませんでした。

このように原賠審の指針は、以上の①自主的避難等に関する損害（二〇一一年一二月六日）に加え、その後も、②政府による避難区域見直し等に係る損害（二〇一二年三月一六日）、③農林漁業・食品産業の新基準値等による風評被害による損害（二〇一三年一月三〇日）、④避難指示の長期化等に係る損害（二〇一三年一二月二六日）について、随時、追加されました（①から④を追補と言う。これらの各追補も含めて、以下、中間指針と言う）。二〇二二年一二月には、実に九年ぶりとなる五度目の追補が行われました（以下、第五次追補と言う）。これは、二〇二二年三月に最高裁において、二〇一三年以降全国各地で係争中であったいくつかの避難者訴訟について、内容的にも、金額的にも、それ以前の中間指針を超える損害賠償額が確定したことによります。なお、事故から一三年が経つ今でも、この指針は、「中間指針」であって、見直しの余地のある暫定的な基準となっています（以上の中間指針や各追補は、文部科学省にある原賠審のWebページにて閲覧できます）。

3　東電への賠償請求の方法と中間指針の壁

（1）直接請求・ADRセンター・訴訟

福島原発事故の被災者が、東電に損害の賠償を求めるには、以下のいずれかの方法で、損害の賠償を「請求」しなければなりません。一つは、中間指針を踏まえて、東電が作成した賠償基準に基づいて、①「直接請求」を行う方法です（これまで個人から延べ三〇〇万件以上の請求を受け付けています）。事故から半年後には、東電は直接請求の受付けを開始しました。もっとも、東電から約六万世帯に送付された案内冊子は約一六〇頁もあり（請求書類だけで六〇頁）、内容も難解で、被災者（とくに高齢者）には非常にわかりにくいものとなっていました。

二つめの請求方法は、同時期に、裁判外で、迅速かつ適正に紛争を解決するために設置された②「原子力損害賠償紛争解決センター」（以下、ＡＤＲと言う）に和解を申し立てる方法です。被害者は、直接請求を行うことなく、最初からＡＤＲを利用することもできます（これまでに三万件近くの申立てを受け付けています）。もっとも、ＡＤＲでは、二〇一四年頃から集団申立てを行った被災者に対し、東電が、中間指針を盾に、ＡＤＲが示した和解案を拒否し、二〇一八年頃には、やむなく手続きが打ち切られる事例が相次ぎました。

①や②の方法で解決できない場合には、③裁判所に訴えることになります（①や②の方法によらず、直接、民事訴訟を提起することもできます）。福島原発事故では、避難が長期化するなか、二〇一三年三月に、原告八〇〇人が福島地方裁判所に提訴したのを皮切りに、その後、全国の二〇を超える地方裁判所に三〇件を超える集団訴訟が提起されることになりました（原告数は、約一万二〇〇〇人にのぼります）。

（2）中間指針の壁

しかし、被害者が東電に賠償を求めても、加害者である東電から、中間指針が定めた内容や金額が上限であるかのような主張が繰り返し行われました。こういった東電の不誠実な対応の背景には、被害実態を十分に踏まえていない中間指針が維持され続けたという問題もありました。とくに中間指針の賠償内容や金額は、避難指示区域ごとに設定されたため、避難指示期間に応じて大きな格差が生まれていました。そのため、被災者や自治体は、国に対して、被害実態とかけ離れた中間指針は、被害の実情に即して早急に見直されることを何度も訴えてきました。とくに二〇一七年三月以降は、各地で提訴された集団訴訟に関する地裁判決が順次言い渡され、中間指針を超える損害額を認める判決も積み重なってきていました。しかし、原賠審は、なお係争中の裁判であることを理由に、その重たい腰を上げることはありませんでした。

4　中間指針の第五次追補

（1）最高裁決定以後の動き

二〇二二年三月の最高裁決定において、避難者が国や東電と争う集団訴訟のうち、七件の高裁判決が確定しました。これにより、東電に中間指針の基準を上回る賠償額を命じた各判決が確定しました。この司法判断により、ようやく政府内にも「中間指針では不十分である」といった認識が広がりました。そこで、原賠審は、同年四月の審査会において、中間指針の見直しも含めた対応の要否を検討するにあたり、確定判決で認められた損害項目や算定方法等の調査・分析について、法学者や弁護士等からなる専門委員に委嘱しました。その夏には、被災地において原賠審の内田貴会長や数名の委員らと、強制避難を経験した住民らとの意見交換会も開かれました。その中で、最高裁の決定以後も、なおも東電は、ADRや審理中の後続訴訟において、一貫して「中間指針に基づく賠償額で十分」との主張を繰り返している実態が明らかとなりました。その一方で、避難指示区域外から避難した被災者から意見を聞く機会は、対象の絞り込みが難しい等として設けられませんでした。

原賠審は、九月に専門委員による中間報告を受けると、一一月には最終報告、一二月には第五次追補の策定、公表という異例の早さで審議を終結しました。第五次追補は、これまでの司法判断の成果を取り込み、帰還困難区域と居住制限区域・避難指示解除準備区域との格差を改善する等、歓迎される部分もあります。しかし、以下で見るように、これら避難指示区域と避難指示区域外との格差は（避難等の指示が早期に解除された緊急時避難準備区域も含めて）、より一層拡大してしまいました。とくに区域外の住民に対する上乗せは、確定した各判決の内容が十分に取り込まれることもなく、課題も残しました。

（2）指針の「基本的な考え方」と東電への要望

原賠審は、第五次追補の内容を公表するにあたって、改めて、以下のような「基本的な考え方」を示しています。

①「本審査会の指針が示す損害額の目安が賠償の上限ではないこと」、

②「本審査会の指針において示されなかったものや対象区域として明示されなかった地域が直ちに賠償の対象とならないというものではなく、個別具体的な事情に応じて相当因果関係のある損害と認められるものは、全て賠償の対象となる」こと。

東電は、これまで被災者からの直接請求の場面やＡＤＲ、また訴訟においても、指針は上限である、との主張を繰り返してきました。このような東電の賠償姿勢を見たとき、原賠審が、「基本的な考え方」として、東電のそのような主張には根拠がないことをはっきりと否定した点は重要です。また、避難指示を受けたかどうかにかかわらず、すなわち、たとえ区域外から避難したいわゆる自主的避難者であっても、「個別具体的な事情に応じて相当因果関係のある損害」は、通常の不法行為訴訟の場合と同様に、全て賠償の対象となることをあらためて宣言した点も重要です。

そのうえで、原賠審は、指針の中で、東電に向けて、次の要望を示しています。

①「東京電力株式会社には、被害者からの賠償請求を真摯に受け止め、本審査会の指針が示す損害額はあくまで目安であり、賠償の上限ではないことに改めて留意する」こと、

②「本審査会の指針で賠償の対象と明記されていない損害についても個別の事例又は類型毎に、指針の趣旨やADRセンターにおける賠償実務も踏まえ、かつ、当該損害の内容に応じて賠償の対象とする等、合理的かつ柔軟な対応と同時に被害者の心情にも配慮した誠実な対応が求められる」こと、

③「ADRセンターにおける和解の仲介においては、東京電力株式会社が……示している『三つの誓い』のうち、特に『和解仲介案の尊重』について、改めて徹底すること」、

④「本件事故から既に十年以上が

第5次追補による加算を踏まえた慰謝料額

	4次追補まで	第5次追補による追加賠償の内容					追加賠償小計	追加賠償後の合計
		生活基盤喪失・変容	日常生活阻害	過酷避難	滞在による健康不安	自主的避難等の損害		
帰還困難区域（20キロ圏）	1450万円		100万円	30万円	避難経路による	避難経路による	＋130万円	**1580万円**
帰還困難区域（20キロ圏外）			100万円		30万円 ※1		＋130万円	**1580万円**
居住制限区域 解除準備区域（20キロ圏）	850万円	250万円		30万円	避難経路による	避難経路による	＋280万円	**1130万円**
居住制限区域 解除準備区域（20キロ圏外）		250万円			30万円 ※1			**1130万円**
緊急時避難準備区域	180万円	50万円					＋50万円	**230万円**
屋内退避／南相馬市30キロ圏外	70万円						20万円 ※2	**86万円**
自主的避難等対象区域	子・妊婦以外 8（＋4）万円						20万円 ※2	**20万円**
県南・宮城県丸森（半額賠償）※3	子・妊婦以外（4万円）						10万円 ※2	**10万円**

※1　2011年3月11日から同年12月31日までの間に18歳以下の者や妊婦は、60万円に増額する。

※2　既払い金があれば控除する。たとえば自主的避難等対象区域の住民（18歳以下の者や妊婦以外）には、2012年2月以降に8万円、同年12月以降に東電が自主的に追加賠償4万円を行っている。これらを受け取っている場合は、その差額分（いずれも受領済みの場合、8万円）しか支払われない（東電Webページより）。

※3　東電の方針による追加賠償。

経過した中、本指針による遡及的な賠償は一刻を争うというべきものであり、東京電力株式会社においては、専門委員の最終報告における既に確定した判決や和解済み案件等に係る留意点も踏まえ、迅速に対応することが重要である」こと、です。今後の東電の対応に注目しましょう。

5　福島原発事故における主な損害項目

(1)　賠償すべき損害についての考え方

原子力損害の内容は、通常の民事紛争の場合に用いられる民法七〇九条の「損害」の解釈と同じです。この損害とは、「不法行為（ここでは原発事故のことを言います）がなければ被害者がおかれていたはずの利益状態〔＝あるべき利益状態〕」と「不法行為があったがために被害者が現実におかれている状態〔＝現在の状態〕」との差であり、これを金銭的に評価したものを言います（このような考え方を一般に差額説と言います）。この差（損害）を賠償することによって、被害者の利益状態を回復することが損害賠償の役割です（原状回復原則と言います）。そのため、被害者が、事故により、どのような法益（権利・利益）が侵害されたのかを明らかにすることが、損害を適切に把握し、それを算定（金銭評価）するうえでも重要になります。

一連の裁判を通して明らかになったことは、原発事故によって侵害されたのは、地域において平穏な日常生活をおくることができる生活利益そのもの（包括的生活利益としての平穏生活権）である、ということです。このような権利・利益の内実について、たとえば東京高等裁判所は、群馬避難者訴訟において、「何人も、自己の選択した居住地及びその立地する周辺環境において、自己の選択した仕事に従事しながら、放射線被ばくの恐怖や不安を感じることなく平穏な日常生活を送り、地域や職場のコミュニティの中で周りの人々との各種交流を通じて、自己の人格を形成、発展させるという人格的利益を有する」こと、そして、このような利益には、「地域やそこで暮らす人々とのつながり」も含まれると述べています。このことは、避難指示区域外から避難した場合であっても、一般人の感覚に照らして、その避難行動が個別の事情に照らして合理的な理由があるかぎり違いはないことも述べられています。

以上の損害事実を具体的に金銭に換算する作業は、通常、より具体的な算定指標・評価指標をもつ損害項目に分割したうえで行います。まず財産的な損害と非財産的な損害（＝精神的損害）とに大別したうえで、財産的な損害については、事故に伴って発生した費用（＝積極損害）と、事故によって得ることができなくなった利益（＝消極損害）とに分けて計算します。以下では、中間指針が示す原発事故賠償での主な損害項目について、①積極損害、②消極損害、③精神的損害の三つに分けて見ていきます。

（2）積極損害

（ア）避難等に伴う費用

被害者が、「避難等」（避難指示区域内に生活の本拠があるため立ち退きした者や区域外に滞在を余儀なくされた者、また屋内退避をした者も含む）および「自主的避難等」をした場合、その避難行動等に伴って様々な費用（出費）が生じます。これらの費用は、必要かつ合理的な範囲で「相当因果関係のある損害」と言えます。たとえば、①検査費用（身体・財物等の放射線測定費用等）、②避難のための費用（交通費、家財の移動費用、宿泊費等）、③一時立入費用（交通費、立入後の除染費用等）、④帰宅費用（避難終了後の帰還のための費用）、⑤避難による心身の状態悪化等による治療費、薬代、診断書等の通院実費などが、これに当たります。

（イ）財物損害

避難した住民は、避難により、所有する財物（住宅・農地等の不動産、家財や農機具、またペットや家畜等の動産）の管理等を行うことができなくなりました。そのために、その物の財産的な価値が失われたり、減少したりしました。とくに避難が長期化することにより、木造家屋の痛みが進んだり、野生の動物等による被害も生じたりしました。さらに物理的な損傷はなくても、放射線に曝露したことにより、その財産的な価値が失われる等の問題もありました。原発事故では、その事故の特性に鑑みて、次のような損害算定が行われています。

①住宅や宅地――帰還困難区域をはじめ、避難指示区域では、事故から六年の時点で物の市場価値は失われたもの（いわゆる全損）として損害を認めています（それ以前に避難解除された場合は、年数に応じた価値減少分を損害とします）。財物の価値は、原則として、事故直前の財物の時価によります。しかし、住宅は、生活するうえで必要不可欠な物であるにもかかわらず、時価による賠償金額では、新しく同等の住宅を用意することできません。住宅ローンがまだ残っている場合には、問題はより深刻です。そこで、居住用の建物については、「同等の建物を取得できるような価格」として算出する等、個別具体的な事情に応じて合理的に評価するといった方針が示されています。また、帰還困難区域をはじめ、避難指示が六年を大きく超えて長期化する見込みのある地域に居住していた避難者には、移住の必要性や合理性を認めて、移住等に伴って新しい住居を取得するために、事故前の住宅や宅地の価値を超えて負担した必要かつ合理的な費用も賠償されることになりました（これを住居確保損害と言います）。他方で、同様の区域に帰還する住民には、元の住宅の大規模な修繕や建替えをするために、実際に負担した費用についても一定の範囲で賠償しています。

②家財――避難指示区域の住民に対しては、世帯人数や家族構成に応じた定型的な定額賠償が行われました（領収証を提示し、個別に賠償を求めることもできます）。しかし、この点でも、区域による格差が設けられたため、たとえば、帰還困難区域の大人二人・子ども二人の四人家族であれば、六七五

万円となりますが、居住制限区域等では五〇五万円とされました。

（3）消極損害

①就労不能損害――就労不能損害とは、避難指示等により避難したために、あるいは、勤務先が避難指示等により移転する等して就労できなくなり、事故がなければ得られるはずであった収入が得られなくなったために生じた損害をいいます。交通事故等の休業損害に当たります。就労不能が認められる期間は、「被害者が従来と同じ又は同等の就労活動を営むことが可能となった日」の到来までとされ、個別具体的な事情に応じて判断されます。他方で、被災者間の公平性や就労を促進するといった政策目的から、この期間中に得た収入等については、被害者の「特別の努力」によるものとして、損害額から控除しないこととされました。

②営業損害――避難指示等により事業者に生じる営業損害として、原発事故に特有の問題として、いわゆる風評損害（放射性物質による汚染の危険性を懸念し、消費者や取引先による商品・サービスの買い控えや取引停止等による損害）があります。また、事故により避難等をした被害者を取引先としていた事業者が、取引先を失い営業損害（売上げの減少）を被るなど、事故による第一次被害者と一定の経済的関係にある第三者が損害を被ることがあります。この場合に、第一次被害者との取引に代替性がない場合には、この第三者の損害（これを間接損害と言います）も事故と相当因果関係のある損害とされています。

（4）避難等の指示を受けた住民の精神的損害

原賠審は、事故後、比較的早い段階で、「避難指示等による精神的損害」に対する賠償として、生活費の増加分も含めた「日常生活阻害慰謝料」を支払うべきことを示しました。このことは、とくに特別な資産や生業がなくとも、土地や地域とのつながりの中で生計を維持してきた被害者（とくに高齢者）の救済にとって重要な役割を果たしました。しかしながら、避難が長期化する中で、日常生活阻害では捉えきれない被害実態（生活基盤の破壊や被ばく不安等）も明らかになりました。各地の集団訴訟でも「ふるさと喪失損害」が主張されるなかで精神的損害についても項目化が図られてきました。これにより各慰謝料項目が対象とする被害事実がより具体的に整理され、また指針による既払金（日常生活阻害慰謝料）との違いも明確になり、損害額の適正化が図られてきました。

なお、以下では取り上げませんが、避難指示によって、治療や介護が受けられず、心身の状態が悪化した場合には、別途、「生命・身体侵害に伴う精神的損害」が問題となります。

（ア）生活基盤（故郷）喪失・変容慰謝料

第五次追補は、確定判決に照らし、第四次追補により帰還困難区域に限って支払われていた「帰還不能・生活断念慰謝料」を、「生活基盤喪失による精神的損害」の賠償として再構成したうえで、新たに、居住制限区域と避難指示解除準備区域等にも「生活基盤変容による精神的損害」を認めました。生活基盤とは、「人的関係や自然環境なども包摂する経済的・社会的・文化的・自然的環境全般」をいい、その損害とは、この間、各地で起こされた避難者訴訟において原告等が「故郷（ふるさと）の喪失又は変容損害」として訴えてきた内容に対応するものです。原賠審では、「ふるさと」の語はやや情緒的であるとして、「生活基盤」との表現を用いています。指針は、この生活基盤とは、ハード面のインフラに尽きるものではないことを明言しています。これは、インフラが回復すれば生活基盤（故郷）の毀損はない、というこの間の東電の主張を否定するものとして意味があります。

指針によると、「変容」とは、「生活基盤がかなりの程度毀損されたこと」であり、「喪失」とは、「生活基盤が著しく毀損されたこと」を言います。両者は、生活基盤の毀損の程度の違いに過ぎませんが、原賠審は、帰還困難区域では生活基盤を「喪失」したものとして、その慰謝料額は七〇〇万円になることを基準に、居住制限区域と避難指示解除準備区域のそれは「変容」にとどまるとしたうえで、その損害賠償額は「七〇〇万円の半分を大きく下回る額を目安」に二五〇万円としました。併せて、緊急時避難準備区域にも変容に準じた損害を認めたものの、その金額は、さらに「大きく下回る額」であるとして、わずか五〇万円としました。

これにより、避難指示区域内での格差は若干縮小したようにも見えますが、実際には緊急時避難準備区域との格差や、以下の（5）でみる避難指示等の区域外との格差は、より一層拡大しました（一〇六頁の表参照）。たとえば、同じ自治体内にあらゆる区域が混在している南相馬市では、国からの避難指示を受けなかった三〇キロ圏外の場所については一切の変容損害が認められず、住民間での賠償格差がさらに拡大してしまいました。このような事態に、被災地では、住民の賠償格差への不満や分断の再燃を懸念する声は少なくありません。避難指示を受けなかった住民にあっても、事故によって、子どもや子育て世代が激減し、大きく変容した地域を受け入れざるを得ないという点では、大きな違いはないからです。また、たとえ区域外からの避難の場合であっても、避難の長期化により、避難元とのつながりが失われている点も見過ごせません。

(イ) 日常生活阻害慰謝料

日常生活阻害慰謝料とは、①平穏な日常生活の喪失、②自宅に帰れない苦痛、③避難生活の不便さ、④先の見通しのつかない不安を対象とします。これらの各要素は避難の長期化に伴い①③は次第に減っていくのに対して、②④はむしろ増えていくと考えられました。このことから、六ヶ月目以降は、避難者等の「将来の見通し不安の増大」を重視し、避難慰謝料は、生活費の増加費用を含め一人月額一〇万円が維持されました。

第五次追補では、避難指示区域での日常生活阻害慰謝料の賠償終期は、一律二〇一八(平成三〇)年三月末とされました。これにより、帰還困難区域の住民に対しては、「帰還不能・生活断念慰謝料」として加算されていた一〇〇〇万円のうち、七〇〇万円を「生活基盤喪失による精神的損害」と考え、残額を日常生活阻害慰謝料に充当しました。その結果、なお一〇ヶ月分(一人計一〇〇万円)の不足が生じるとして、その分が加算されました。

併せて第五次追補では、ＡＤＲでの和解仲介にあたって利用されてきた統括基準のうち日常生活阻害慰謝料の増額事由（二〇一二年二月一四日）が指針に明示されることになりました。これらが増額理由となるのは、一般の避難者と比べて精神的苦痛が大きいと考えられるためです。具体的には、次の一〇項目となります。①要介護状態にあること、②身体または精神の障害があること、③前記①・②の介護を恒常的に行ったこと、④乳幼児の世話を恒常的に行ったこと、⑤妊娠中、⑥重度または中等度の持病があること、⑦前記⑥の介護を恒常的に行ったこと、⑧家族の別離、二重生活等が生じたこと、⑨避難所の移動回数が多かったこと、⑩避難生活に適応が困難な客観的事情であって、上記の事情と同程度以上の困難さがあったことです。本指針では具体的な金額は示されていませんが、いずれもＡＤＲセンターでの賠償実務を目安に、個別に判断していくことになります。たとえば、①については、一人月額三万円（ただし事故から六ヶ月間は月額五万円）が目安となります。このうち、⑨の事由は、次の（ウ）過酷避難による慰謝料と重なる面もあります。ここでは、とくに移動回数が多い場合に、それとは別に、加算されることになります。

なお、訴訟やＡＤＲでは、以上に加えて、避難先での原発被害者へのスティグマ（偏見や差別）、いじめ等を理由に増額を認める例や、原発避難者がＰＴＳＤ（心的外傷後ストレス障害）の発症リスクが高い状況におかれているとの近年の研究に照らして一律に増額を認める例もあります。

（ウ）過酷な避難状況による精神的損害

過酷避難状況とは、本指針によれば、「放射線に関する情報が不足する中で被ばくの不安と、今後の展開に関する見通しも示されない不安を抱きつつ、着の身着のまま取るものも取りあえずの過酷な状況の中で避難を強いられこと」を言います。このような、事故直後の避難指示により住民らが直面した過酷避難状況による精神的損害にかぎり慰謝料が追加されました。具体的には、①福島第一原発（1F）から半径二〇キロ圏内の旧避難指示区域（旧警戒区域）居住者（一人三〇万円）と、②第二原発（2F）から半径八～一〇キロ圏内（緊急時避難準備区域の一部）の居住者（一人一五万円）に限定して、これを前述の日常生活阻害慰謝料に加算しました。日常生活阻害慰謝料において、避難生活における苦痛や過酷さは考慮されていたものの、放射線に関する情報が不足する中での避難行動自体に伴う苦痛や過酷さは、必ずしも十分には考慮されていなかったからです。そこで、本指針では、「政府の避難指示等により即時の避難を強制され、着の身着のまま取るものも取りあえずの避難を余儀なくされた者」として、上記の①②の住民に限定して、慰謝料を加算しました。

（エ）相当量の放射線量地域に滞在したことによる健康不安

原発事故後、避難区域は何度か再編されました。そのため、一年間の積算線量が避難指示基準である二〇ミリシーベルトに達するおそれがある地域に一定期間滞在した住民に対して、原賠審は、「安心できる生活空間を享受する利益」が侵害されたものとみて、「健康不安に対する精神的損害」を認めました。このような健康不安は、避難によって直ちに解消されるものではなく、避難実行後も一定期間続くと考えられるからです。

（5）自主的避難等にかかる損害

指針の見直しに際して、とくに注目されたのは、区域外避難者に対する損害賠償です。これをどこまで拡大し、区域内外の賠償格差を是正するのかが注目されてきました。

原賠審は、避難区域以外の浜通り地域や県北、県中等に設定した「自主的避難等対象区域」の住民への精神的損害について、第五次追補までは、子ども・妊婦を除いては、賠償期間を二〇一一年四月二二日までの「原発事故当初」に限っていました。しかし、原賠審は、各判決を踏まえて、住民が放射線被ばくへの恐怖・不安などを抱いたことには相当の理由があり、自主的避難はやむを得ない面があると考えるに至り、その賠償対象期間を約八ヶ月延長し、二〇一一年一二月末までとしました（八ヶ月の期間延長）。これは、政府が同年一二月一六日に「原発事故の収束」を宣言したことを考慮したものです。子ども・妊婦については、放射線被ばくの不安やその危険回避の観点（予防原則と言います）から、避難の合理性はこの期間を超えて判断する余地を認めています。そうであるならば、少なくとも避難の合理性は、子ども・妊婦を含む世帯の大人についても同様に考えられるべきでしょう。

指針は、避難した場合であれ、滞在を余儀なくされた場合であれ、①避難生活あるいは滞在中に被ばく防止のために増加した生活費、②精神的苦痛、③避難・帰還の移動費用は賠償対象となることを示しています。ただし、指針は、「同対象区域に居住していた者」に「公平に賠償する」という観点から、避難の有無を問わず、その金額は、対象となる住民に「少なくとも共通に生じた損害」（最小限の損害）として、以上の損害項目を一括して、一律の金額を提示するのにとどめています。その結果、第五次追補においても、子ども・妊婦以外の者に若干の増額を行ったにすぎません（八万円から二〇万円）。また第五次追補においても、対象区域の拡大は行われませんでした。原賠審は、「対象区域」に県南と宮城県丸森町を追加することも検討していましたが、「東電が子ども・妊婦を対象に、自主的に賠償している」ことを理由に追加を見送りました。

6　第五次追補以降の裁判例の展開

福島原発事故の賠償では、中間指針が大きな役割を果たしてきました。しかし、指針は、避難指示等の区域ごとに、避難指示等の長さに応じて策定されたものであって、必ずしも被害実態を反映していません。たしかに第五次追補は、これまでの裁判所の判断や賠償実務に照らした改訂を行い、積極的に評価される部分もあります。しかし、全体としてみれば、とくに避難指示区域内と区域外の賠償格差は解消されるどころか、むしろより一層拡大する結果となる等、課題も残しました。

第五次追補以後に出たいくつかの集団訴訟の控訴審判決では、指針を超える慰謝料額を認容したものもあります。仙台高等裁判所は、二〇二三年三月一〇日に、「いわき市民訴訟」において、原告らは、原発による重大事故により、放射線被害の具体的な危険に直面し、不便な避難生活を送ることを余儀なくされた上、先の見通しのつかない不安や知覚できない放射線被ばくに対する恐怖や不安、これに伴う行動の制約や、自然や社会の環境の変化等により、事故前の平穏な日常生活を奪われ、著しい精神的苦痛を被ったとして、大人三〇万円、子どもと妊婦に六〇ないし六八万円を認めました。また二〇二四年二月一四日には、「山木屋訴訟」において、「次世代を担う子どもの大幅な減少と高齢者率の上昇は山木屋地区の伝統や独自性が早晩継承されなくなる蓋然性を意味するものとして深刻」と指摘し、「このような地域社会の大幅な変容は、本件事故によって不可逆かつ一回的に生じた」として、故郷喪失慰謝料として第五次追補の基準を八〇万円上回る三三〇万円の賠償を認めています。

さらに、東京高等裁判所は、二〇二四年一月二六日、「かながわ訴訟」において、全ての区域で指針の総額を上回る慰謝料額を認定しました。区域外避難については、年間積算線量二〇ミリシーベルトを下回っていても放射線による健康不安を憂慮する合理性が全く否定されるものではないこと、本件事故の特質に照らせば、避難指示等区域以外の者が放射線による健康不安を懸念して避難生活に入ることは、通常人の行動として不合理とはいえないことを明言した上で、一審と同様に子どもと妊婦に一〇〇万円、子と避難した親に六〇万円、その他の大人に三〇万円の避難慰謝料を認めています。

今後も、東電には、被害者の個別具体的な事情に応じた柔軟かつ迅速な救済に応え、その責任を果たすこと、原賠審には、とくに指針の内容と被害実態とのズレが大きい緊急時避難準備区域等や避難指示区域外の住民（避難者）の救済について、引き続き、被害の全体像の把握に努めることが求められます。とくに区域外からの避難では、被ばくリスクを考慮し母子のみが避難するという例が多く見られ、家族分離・二重生活により、経済的にも精神的にも厳しい負担が強いられました。その背景には二〇一二年六月に成立した「原発事故子ども・被災者支援法」を生かした具体的な経済支援が十分に実行されてこなかった問題もあります。裁判官には、この法の制定趣旨や原発事故によって侵害された「平穏生活権」の内実に照らし、事故当初に被害の全容が見えないなか、やむを得ず避難指示を基準に作られた中間指針の枠組みに捕らわれることなく、公正な司法判断によって被害者を救済することが期待されています。

〈**参考文献**〉

「序章」末尾掲載の『福島原発事故賠償の研究』、『原発事故被害回復の法と政策』の他、

・大塚直「原子力損害賠償紛争審査会『中間指針第5次追補について』」河上正二先生古稀記念『これからの民法・消費者法Ⅰ』信山社、二〇二三年。

・原子力損害賠償研究会編『不法行為法損害論の現在―原子力損害賠償紛争解決センターにおける和解実例の分析』第一法規、二〇二三年。

・竹沢尚一郎『原発事故避難者はどう生きてきたか』東信堂、二〇二二年。

・若林三奈「福島原発事故損害賠償訴訟における慰謝料論の現在と課題」龍谷法学五五巻一号（二〇二二年）

第5章

福島原発事故による「ふるさと」被害

関　礼子

1　公害としての原発事故

（1）なぜ原発推進へと回帰したのか

市民運動の視点からみた東京電力福島第一原子力発電所事故（以下、福島原発事故と略す）は、地震と津波によって引き起こされた不測の出来事ではなく、震災時の原発の脆弱性の指摘に耳をかさず、安全対策を怠ったために、起こるべくして起こった人災です。

長年、原発の安全性を求めて運動してきた伊東達也さん（いわき市）は、福島原発事故は「日本史上、最大かつ最悪の公害」であると言い続けてきました。確かに、福島原発事故の影響は最大・かつ最悪でした。福島県によると、原発事故の避難者数は二〇一二年五月がピークで、その数一六万四八六五人です。しかし、避難指示区域外からの「自主避難者」は正確にカウントされてこなかったため、実際はもっと多かったと思われます。

避難指示区域は徐々に解除されましたが、特定復興再生拠点区域を除く帰還困難区域の除染は手つかずのままです。山川里海を汚染し、生態系を移動し、循環する放射性物質は、一三年たった現在も帰還困難な状況をもたらしています。避難指示が解除された地域でも、高齢化や地域の自立性の減退など、問題が山積しています。避難指示が出されなかった地域では、あたかも被害は軽微であったたかのような扱いになっています。

事故を起こした福島第一原発の廃炉作業は困難の連続ですし、アルプス処理汚染水の海洋放出や労働者の被ばく事故、中間貯蔵施設の除染土の搬出先問題など、次から次へと追加的に問題が生まれています。晩発性のがん発症の不安もあります。

福島原発事故の被害は続いています。被害の全貌が明らかになるには、まだ相当の時間がかかるでしょう。それにもかかわらず、改正原子力基本法は原発の利用を「国の責務」と位置づけました。老朽原発の再稼働や原発の新増設をうたうGX（グリーントランスフォーメンション）推進法やGX脱炭素電源法が制定されました。

なぜでしょうか。これら立法を含め、原発推進に回帰する動きは、「国の責任なし」と結論した六・一七最高裁判決（以下、六・一七最判）後に急速に進んできました。最高裁判決が、原発推進にお墨つきを与えた形になったのです。

（2） 被害は加害を映し出す

放射性物質による環境汚染は、環境基本法ではなく原子力基本法の法体系に属してはいますが、かつて通商産業省（現在の経済産業省）の公害保安局が『産業と公害』（一九七二年）で明記したように、公害のひとつと捉えるのが適切です。それによって、ひらける視点があります。

放射性物質による環境汚染は、避難一二市町村にわたる広範囲の避難を余儀なくし、多数の震災関連死や震災関連自死、後述する「ふるさと剝奪」のような、不可逆な被害をもたらしてきました。

被害は不可逆であるがゆえに持続しますが、時間の経過とともに潜在し、不可視化され、被害の回復がなされたかのように扱われがちです。公害の歴史が示してきたように、汚染地という不名誉な烙印は、そこで生活する人々のアイデンティティを傷つけます。その憤りは被害を訴える人々に向かい、地域の分断を招きました。被害を語らない・語れない空気が充満し、そこにある被害を隠していく作用を果たしました。

原発事故でも、被害を語ることが「風評」をあおるとされ、食品の安全性への疑問を語ること、健康への不安を語ることが抑制されてきました。避難指示のない地域からの「自主避難者」は、「避難している私たちが風評のよう」と嘆きました。中間貯蔵施設の建設をめぐって、当時の環境大臣が「最後は金目でしょう」と発言するなど、望まない政策に抗すること自体が金銭目的の非道徳的な行いであるかのような発言も出てきました。

このような空気のなかで被害者が沈黙し、被害を受忍するようになると、過酷事故を起こした原発事故でさえ、克服可能な問題として受容され始めます。「公害巻き返し」ならぬ「原発巻き返し」の動きです。福島原発事故前の原発は「エコ」「クリーン」と喧伝されましたが、原発事故を経て原発は法的に「脱炭素」「グリーン」という強固な位置づけを獲得したのです。

「公害は被害に始まり被害に終わる」と言われますが、原発事故も同様です。被害は、その裏面にある加害と加害構造を問うことにつながります。原発事故をもたらした加害と加害構造を明らかにすることは、事故の再発を防ぐうえでも必須です。だからこそ、不可視化され、軽視されつつある被害を明らかにする必要があるのです。

2　避難指示区域の「ふるさと剝奪」被害

（1）避難指示区域の合理と不合理

福島原発事故に特徴的な「ふるさと」の被害を軸に、福島原発事故被害を素描してみましょう。通常の災害や事故とは異なり、福島原発事故の緊急時は長く続いています。三月一一日に福島第一原子力発電所に原子力緊急事態宣言が出され（現在も発令中）、一二日、一四日、一五日に一～四号機が爆発しました。二〇キロ圏内に避難指示が出され、二〇～三〇キロ圏内は屋内退避区域となりました。

四月二二日に二〇キロ圏内は立ち入り禁止の警戒区域に、二〇キロから三〇キロ圏は緊急時避難準備区域になり、高濃度の汚染が指摘されていた飯舘村などが、新たに計画的避難区域になりました。

避難指示等の範囲は、福島原発事故の汚染状況がまだ十分に明らかになっていない段階で決められました。間もなく、住民らが自主的に放射線量を測定し、区域外にも看過できない汚染があることを指摘し始めました。市民団体から、母乳や子どもの尿から放射性セシウムを検出したという報告もありました。警戒区域から仮設住宅に避難したお母さんは、「線量が予想外に高く（避難元よりも高かった）、あちこち測って一番線量が低いところに子供を寝かせている」と、ため息をつきました。

避難指示等区域の設定は、事故原発の暴走の危険を考慮し、高濃度の汚染にさらされる可能性がある地域を定めたという意味で合理的でしたが、その後に明らかになった汚染状況を勘案しなかったという点で非合理的なものでした。

二〇一一年一二月に原子力委員会が発表した八〇キロ圏内の空間線量マップは、場所によっては避難指示等区域と同等の汚染が広域に広がっていることを可視化しました。汚染状況をもとに、避難指示区域外に自治体が除染する汚染状況重点調査地域が指定されました。それから除染が一通り終わるまで、被ばくリスクを小さくするような対策もないまま、住民は汚染下での暮らしを受忍させられました。

（2） 避難指示等区域の「ふるさと剝奪」

避難指示等区域の住民の避難は過酷でした。避難中に命を落としたり、心身の健康を害したりする人も後をたちませんでした。チェルノブイリ（チョルノーブリ）原発事故のように、激しい環境破壊のため、長期または恒久的に土地を離れざるを得なくなった人々は、「環境難民」と呼ばれてきました。福島原発事故避難者も、「ふるさと」という意味ある場所から長期の避難を強いられ、避難指示が解除されても事故前の生活に戻ることができませんでした。原発事故前後の生活の落差が「ふるさと剝奪」

被害です。

「ふるさと剝奪」とは、「故郷喪失」を厳密に定義しなおした言葉です。もともと、故郷喪失は、流動化する近代社会の中で家郷や故郷を失い根無し草化する都市住民の群像を意味し、故郷を失った人々が都市に自らのコミュニティを形成していくコミュニティづくり論として展開してきました。

そのため、原発事故被害で「故郷喪失」を語ると、ともすれば問題の本質が覆い隠されてしまうことになります。事実、法廷では「避難指示が解除されれば戻れる」「ダム建設でふるさとがなくなることもある」「転勤などでふるさとを持たない人もある」など、ふるさとの被害を否定する主張が繰り返されてきました。

長期化する原発事故被害は一時点で捉えきることはできません。当初は「故郷喪失（ふるさと喪失）」で了解できた被害も、警戒区域と計画的避難区域が再編され、避難指示解除準備区域が解除され、居住制限区域が解除され、帰還困難区域でも特定復興再生拠点区域が解除され、住民が帰還するようになると、「避難指示が解除されれば、失ったはずのふるさとを取り戻せる」状況が生まれます。そこで「故郷変容（ふるさと変容）」という概念が追加的に用いられたのですが、これに対しても、「ふるさとは変容したかもしれないが、そもそも地域は不変ではありえない」「原発事故は過疎化など地域が抱えていた問題を前倒ししたにすぎない」など、被害を否定する主張がなされてきました。

こうした主張を寄せ付けないために、〈奪った―奪われた〉という〈加害―被害〉関係を含んだ「ふるさと剝奪」という言葉が必要です。

（3）人間存在の基盤となる「ふるさと」

「ふるさと」とは、人と自然とのかかわり、人と人とのつながり、その持続性という三つの要素が三位一体になった場所です。

避難指示が継続しているところでは、事実としてふるさとが現に剝奪されているのが明確です。第一に、自然とのかかわりが剝奪されたまま、庭木の手入れや家庭菜園に至るまで、あらゆる側面で自然とかかわることができません。第二に、人と人とのつながりも剝奪されたままで、互いに助け合い、協力し合い、行事や祭を行うこともできません。したがって、第三に、歴史や文化を含めた地域の一体性や持続性も危機に瀕しています。

では、避難指示が解除されたところではどうでしょうか。ふるさとを取り戻すどころか、事故前の地域との落差に憤り、事故前の地域に戻してほしいという声が聞こえています。ふるさと剝奪は、避難指示解除後も続いているのです。

①　人と自然とのかかわり

放射性物質による環境汚染は、循環型農業や有機農業、あるいは自家消費のための農業などの営みが持つ意味を剝奪しました。

「父、私、息子と三代で農業をしていました。後継ぎができて喜んでいたのに、原発事故が起こりました。避難して、息子は就職先を見つけました。解除になって、父母は戻りましたが、私は避難先からの通い農業をしています。」（避難指示解除後の川俣町山木屋の住民Aさん）

長引く避難のなかで職を変え、子どもの学校を変えた後継者世代は、放射線被ばくの憂慮や農業の条件不利地化で、避難指示が解除されても、もはや「夢」を持って帰還できる状況にはなくなってしまいました。林業や商売などを複合させて世帯で生計をたてる小規模農業では、原則、除染外とされた山林の利用も、商売の再開もままならなくなりました。

地方の生活においては、経済的に意味ある主たる生業（生活を支える仕事）はもとより、副次的な生業ですらないマイナー・サブシステンス活動（狩猟や採集など自然とかかわる活動）も、大きな意味を持っています。

高度な技法や自然を読む細やかな知識を必要とするマイナー・サブシステンス活動は、繰り返し自然に働きかけることで、場所への愛着を生み出し、人々の生活圏を外側に向けて広げていきます。マイナー・サブシステンス概念の提唱者である松井健は、山菜やキノコ採り、釣りや狩猟、ニホンミツバチの養蜂など、マイナー・サブシステンスの総目録は、その地域の高い自立性を支えるように構成されていたと想定しうると論じています（松井二〇〇四）。

福島原発事故後は、山野が除染されていませんから、自然とかかわるマイナー・サブシステンス活動も困難です。

「裏山で木の葉もとるし、タラの芽、コゴミ、山菜はなんでもとれます。キノコもある。でも、木の

葉もキノコも何でも放射能が出る。キノコは放射能が高いからダメだ。」（避難指示解除後の川俣町山木屋の住民Bさん）

経済学者の宇沢弘文によると、自然資本（自然環境）は、社会資本、制度資本とともに社会的共通資本を形成しており、そのネットワークは「人々が生存し、生活を営んでいくための、基礎的な場」です（宇沢一九九四）。ふるさととは、そのようなネットワークの場でした。生存と生活の基盤となるふるさとの自然は、避難指示解除後も剝奪され続けているのです。

② 人と人とのつながり

人と自然のかかわりは、人と人とのつながりにとっても重要でした。山菜・キノコのおすそ分け、農繁期の手伝いや共同作業、生業暦のなかに位置付けられてきた行事や祭りなどでの密な人間関係は、生業再開の困難や担い手となる青壮年層の不足などで、やせ細ってしまいました。

帰還者の多くが、避難先にとどまった子世代・孫世代と離れて戻ってきた高齢の親世代である地域では、農作業ができなければ「やることがない」と、家に引きこもる時間が増えました。農業や行事など共通の話題がなくなり、互いの家を行き来することもなくなり、回覧板を回せないという地域も出てきました。帰還者同士の人間関係も希薄になり、葬式の情報も伝わらないということになれば、お付き合いもおしまいとなります。

ふるさとの土地に根ざして生きるということは、自分の代だけでなく、子や孫の視点から現在を律して生きることにつながります。子孫がこの土地で生きていく未来を想起できないと、人間関係は変化します。帰還した人、しない人、帰還したなかでも余裕がある人、ない人で、亀裂も生じ、かつてあった地域の一体感も薄れてしまいました。

③ 持続性

地域の風景や風土性、歴史や文化は、そこに住む人々の日々の営為のうえに成り立っています。

ふるさとは、「私の歴史そのものが詰まった場所」「人間としての居場所」とも表現されます（津島原発避難者訴訟の原告意見陳述による）。ふるさととは、生命、生活、人生を意味するｌｉｆｅ（ライフ）の場所――人々がその土地で生命を育み、生活を営み、人生を送る場所のことです。あるいは、環境を共有し、生活の共同を育み、子々孫々に歴史や文化、風景や風土性をつないでいく場所でもあります。

一般的な避難であれば、避難を終えればもとの共同性との接続が可能だったでしょう。中間指針の避難慰謝料の算定で参考にされた産業廃棄物処分場の火災による避難や擁壁崩落、地滑り事故の事例は、地域の共同性そのものを解体し、あるいは無力化させるような事例ではありませんでした。一九九九年の東海村ＪＣＯ臨界事故でも、周辺住民が三日間の避難を求められましたが、ふるさとの剝奪は問題になっていません。

しかし、福島原発事故は、避難指示が解除されても、共同性が再起動できないほど甚大な被害を地域社会にもたらしました。避難先から帰還しても、原発事故前のような生活に戻ることはできません。ふるさと剝奪は不可逆な被害なのです。環境難民と定義しうる避難者にとって、帰還も他所での居住も「突然の大災難」（小泉二〇〇九、一七八）に他ならないのです。

（4）広域的なふるさと剝奪の実態

私たちが住むことを話題にするとき、住むだけでない多くの振る舞いを思い描きます（ハイデガー二〇〇九＝一九五四、一三〇）。職場への通勤、子供が通う小中学校、進学を希望する学校、老親とのスープの冷めない距離など、住むということは「どう生きるか」にかかわっています。避難を余儀なくされた人々は、意味があってそこに住み、そこに住むことで暮らし方や生き方を積み重ねてきた場所から引き剝がされたのです。

図表1は、福島原発避難者訴訟（浜通り訴訟）の陳述書から、南相馬市小高区在住の男性（M19-1）を中心に、ふるさとを剝奪された四世代の被害状況を示したものです。

特別養護老人ホームに入っていた義母は、避難で施設を転々とし、看取られぬまま衰弱死しました。病気入院中だった兄弟の妻は、原発事故で転院を繰り返して亡くなり

……………… 避難中の被曝不安

……………… 避難先に訪ねてきたとき

……………… 「寂しいね、近所の人が知らない人ばかりで」と語る

……………… やる気をなくした

……………… 不登校・被曝不安

図表1　広域的な「ふるさと剥奪」被害の状況

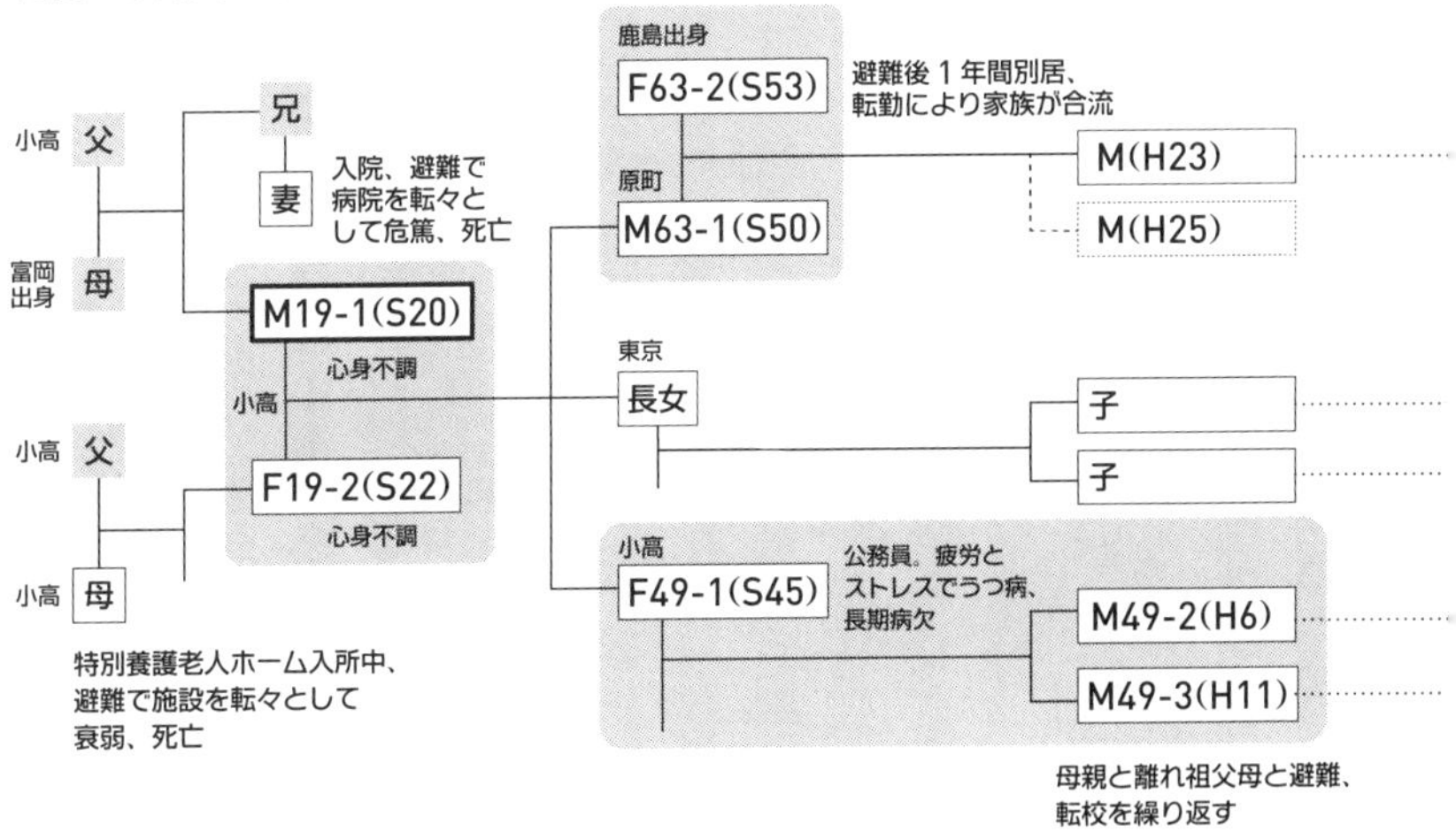

注：M＝男性、F＝女性、その後の数字は原告番号、( ) 内は生年、S＝昭和、H＝平成、
地名は居住地。南相馬市小高区（20キロ圏)、原町区（30キロ圏)、鹿島区（避難指示区域外）

出所：筆者作成

ました。自身と妻は、市内に残らなくてはならなかった公務員の次女（F49－1）にかわって、二人の孫を連れて避難をしました。孫は、転校によりやる気をなくし、あるいは不登校になりました。次女も、疲労とストレスで体調を崩し、長期欠勤を余儀なくされました。長男（M63－1）も公務員のため、市内に留まらざるを得ず、妻と生後一カ月半の子を会津に母子で避難させ、一年間、別居生活を送りました。乳幼児だった孫の被ばく不安も拭えません。

　原発事故によって、家族や親族のふるさとが同時に奪われ、原発事故関連死、心身の不調、母子避難、事故対応の激務、子供の精神面や情操面への影響など多様な被害が生じ、それぞれの人生を大きく捻じ曲げてしまったことがわかります。

3　避難指示区域外――自主避難等対象区域の「ふるさと損傷」

(1)　区域外からの「自主避難」

もうひとつの避難の形がありました。「自主避難」と呼ばれる、避難指示区域外からの避難です。避難指示区域外から、外部被ばくや内部被ばくのリスクを避けるために、やむにやまれず避難した「非自発的な自主避難」です。好き好んで避難したわけではないことを強調して、「自力避難」と表現する人もいます。

それぞれの事情によって避難のタイミングは異なりますが、おおよそ原発の水素爆発をきっかけにした避難（「どかん」型避難）と、放射能汚染からの避難（「じわり」型避難）に大別できます（図表2）。

原発事故後の三月、いわき市は「ゴーストタウン」のようになりました。南相馬市鹿島区も、自治体が一時避難を要請しており、多くの住民が避難をしました。「どかん」型避難です。

四月初頭になると、そのまま避難生活を継続する住民もいましたが、職場の業務再開や学校再開にあわせて、自宅に戻る人が相次ぎました。しかし、避難から戻っても、もとの状況というわけにはいきませんでした。放射能汚染下での暮らしには苦痛が伴いました。子どもたちは帽子・マスク・長そで長ズボンで通学し、窓を閉め切った教室のなかで学習しながら初夏を迎えるといった、異常な状況

図表2　「どかん」型避難と「じわり」型避難

	避難の原因	時間的・空間的スケール
「どかん」型	水素爆発	「どかん」<「じわり」
「じわり」型	放射性物質の拡散・汚染	

出典：「構造災」の2つのあらわれ方（松本三和夫『構造災――科学技術社会に潜む危機』岩波書店、二〇一二年）を参照して筆者作成。

図表3　「自主避難者」と「滞在者」

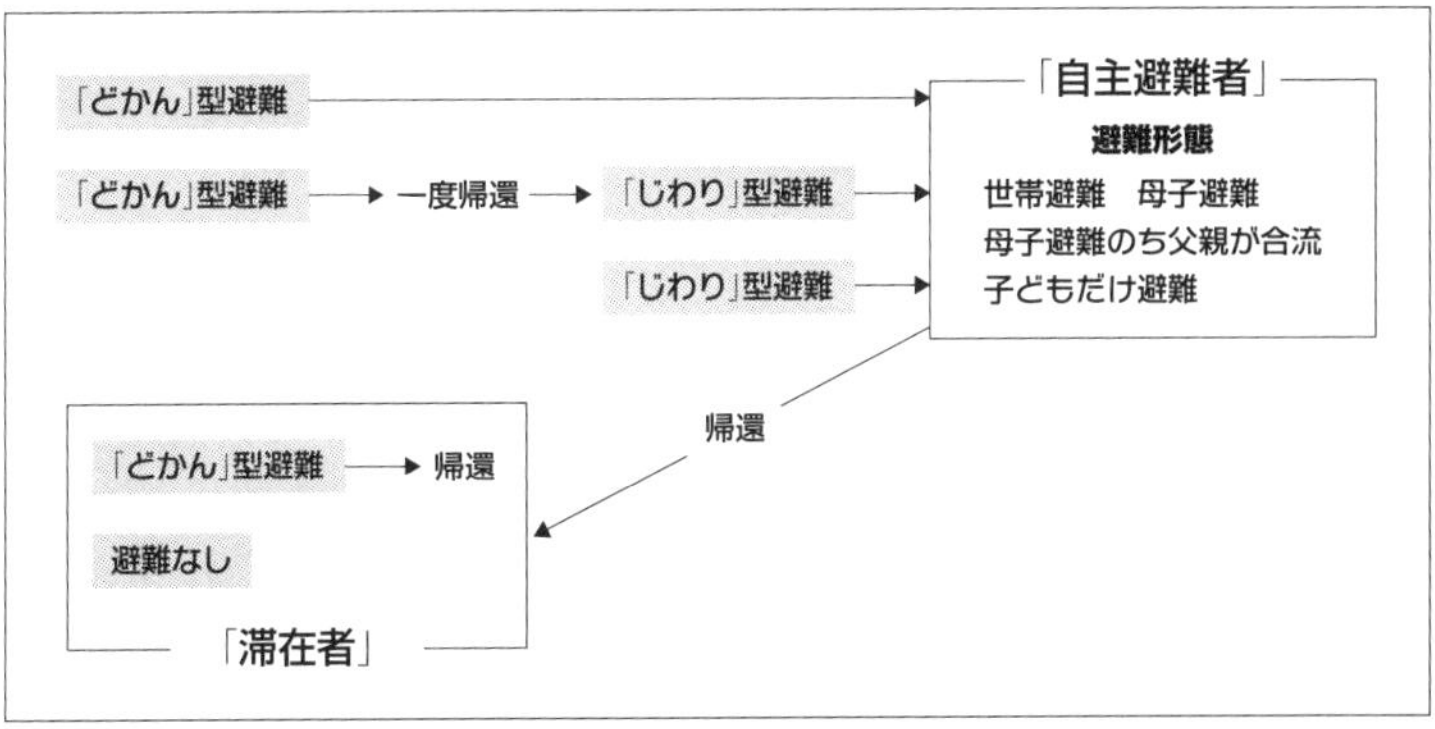

出所：筆者作成

が続きました。子どもの被ばくを防ごうと水筒や弁当を持たせ、洗濯物を外干ししないなど、考えられる防御策をとりますが、じわじわと被ばくすることに怯えながら生活するには限界がありました。こうして、原発事故から半年がたち、一年がたっても「じわり」型避難へと駆り立てられる人があとを絶ちませんでした。

　未就学児を連れて、あるいは小学生なら学期の区切りなどを見計らっての避難でした。家計を考えて、父親が残り母子で避難するというケースや、祖父母のもとに子どもを預けて週末に親が戻るというケースもありました（図表3）。原発事故直後だけではなく、放射能汚染下での暮らしの損傷という形で、避難を選択せざるを得ないほど緊急時は続いていたのです。

「自主避難」は、家計への負担、子育ての孤立化、キャリアの中断、家族関係の悪化など多くの犠牲を伴うものでした。その期間は数カ月から数年、現在もなお「自主避難」中とさまざまで、帰還を前向きに選択した人もいれば、避難先での住宅支援が打ち切りで帰還せざるを得なくなった人もいました。また、比較的短期間で帰還した人は、「自主避難者」でもあり、「滞在者」でもあったでしょう。

（2）放射能汚染下で暮らす滞在者の被害

「自主避難者」が相次いだ地域（のちの「自主的避難等対象区域」）は、除染が必要な汚染状況重点調査地域にもなりました。いわき市の場合、二〇一一年一二月に除染計画が策定されました。優先的に除染をすすめる保育・教育施設や、追加被曝線量年間五ミリシーベルト以上の地域を含む北部地域の除染が終了するのは二〇一四年度、市域全体の除染が終了したのが二〇一七年度でした。その間、除染すべき場所が未除染のまま、汚染下での生活が続いていたのです。

滞在者に関する被害は、「自主避難者」に増して見えにくくなっています。放射能汚染下であっても、そこに住み続けることを肯定し、「自主避難」している子や孫の帰りを待ち望むことに不思議はありません。

「思うに、私たちは、自ら進んで留まることを選んだのではなく、そこに残る以外に選択肢がほとんどなかったのです。土地もある、畑もある、田んぼもある、家もある。たしかに危ないかもしれないですが、避難したとして、収入や生活がどうなるのか。土地や畑を放り出して逃げることができるのか。年寄りもいる。大家族で、いったいどこに避難するのか。（略）『しょうがないね。安全だと言っているんだから、生きていけるはずだよね。われわれはここで頑張って生きるしかない』という心理が働くのは、自然なことだと思います。」（服部二〇二三、一三）

語られずに埋もれていきがちな被害ですが、汚染状況重点調査地域という、除染されるべき場所が未除染の汚染下で住み続けることが、無用な被ばくをさせないという被害の未然防御（予防原則）に照らして適切であるとはいえません。生活への支障や違和感、不快感も、意識しないようにしていたかもしれませんが、それでも汚染下で住み続けることを「被害なし」とすることはできません。除染が行われても、除染廃棄物が家屋の横に山になって保管（地上保管）される状況を目にすると、意識の外に追いやっていた放射能汚染への不安が首をもたげました。

（3）避難指示区域外の「ふるさと損傷」

加えて、汚染下で住み続けることは、個別の被害を超えた「ふるさと損傷」という、具体的かつ現実的な被害を地域社会にもたらしました。ふたたび、ふるさとの三つの要素に着目してみましょう。「自主避難」した方々の声は、人と自然とのかかわりが、生業やマイナー・サブシステンス活動だけでなく、子供が公園で遊ぶ、土にさわる、石ころを拾うといった、当たり前の日常にもあったことを教えてくれます。家庭菜園に地産地消、田畑の間をすりぬけての散歩。生業の舞台であると同時に、うるおいを与えてくれた自然とのかかわりは自粛を余儀なくされました。放射能の考え方をめぐって、人と人との関係もぎくしゃくしました。避難による人口流出は伝統文化の持続性を損ない、景観や民俗、観光資源など地域資本が損なわれることで交流人口も減少しました。

「ふるさと損傷」とは、良好な自然環境のもとで育まれた生活文化や社会関係、郷土の誇りや地域アイデンティティが、原発事故で損なわれたことを意味するのです。

4 「土地に根ざして生きる権利」の侵害と国家の無責任

ふるさとは、人々がその土地に愛着をもって、日常生活のなかで手間暇かけてつくりあげてきた無形の資産です。ふるさとの土地に根ざして生きることが、平時であれば意識されない平穏生活権や幸福追求権、人格権や環境権、健康権や家族の権利など、憲法で認められた権利から生成途上の権利、国際的に認められた権利など、「権利の束」のうえに成り立っていることを、原発事故は期せずして教えてくれます（図表4）。

原発は国策民営で推進されてきました。そのため、責任の所在はあいまいです。国は電源三法交付金など原発立地地域に利益誘導できる枠組みをつくり、原発を推進する省庁が規制権限を行使するという脆弱な安全管理体制のもとで、なおかつ規制権限を行使せずにきた結果が福島原発事故でした。福

図表4

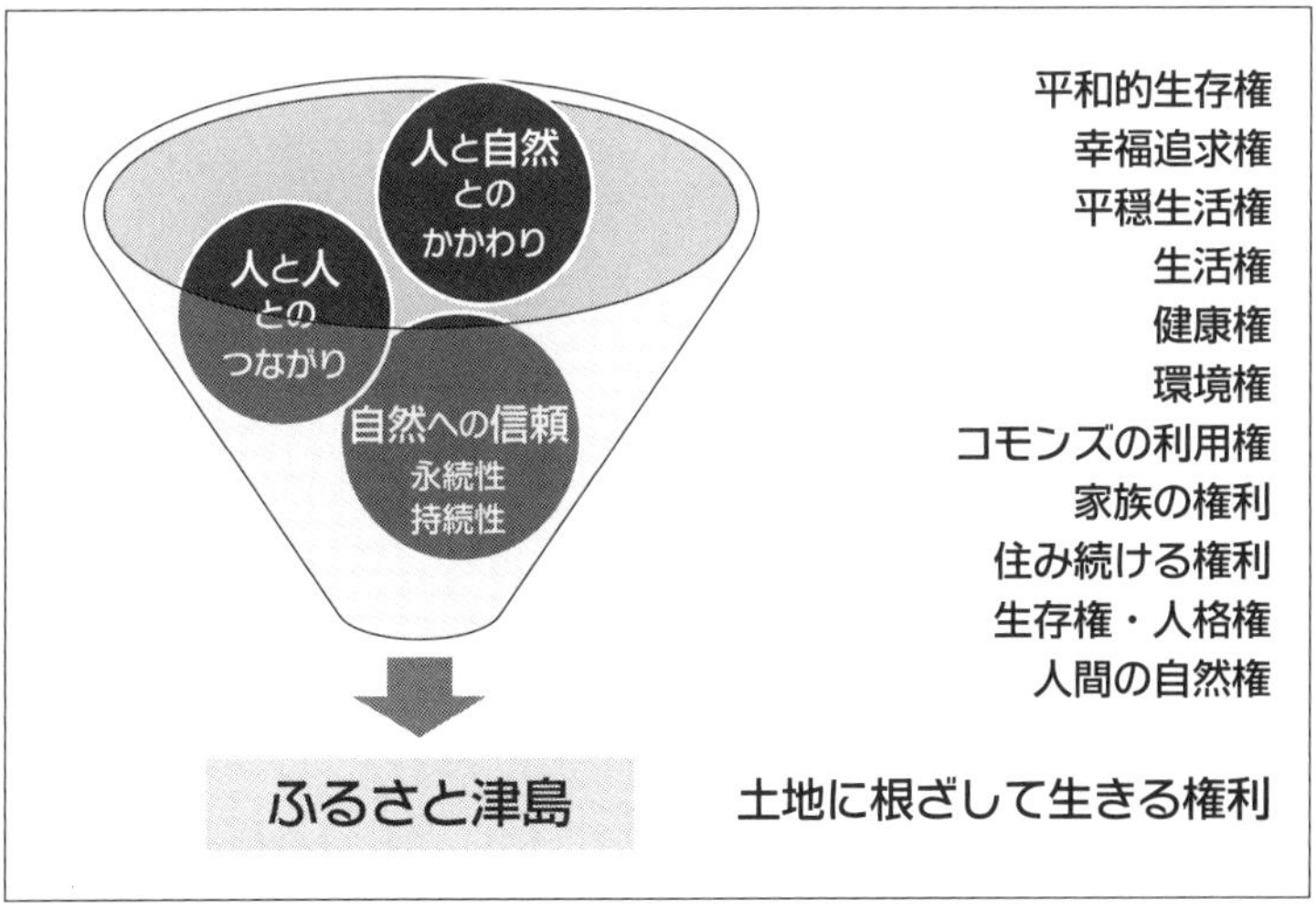

出所：筆者作成

島原発事故の発生を招き、事故後に汚染下で住むことを容認してきた国は、間違いなく加害の一端を担ってきました。

「国に責任なし」の六・一七最判後、国は再び原発推進に大胆に舵を切りました。過酷事故を起こしてなお、原発に依存したエネルギー政策を進めていく国家の無責任構造を正せるのは最高裁のみです。福島原発事故が広域的にもたらした被害と向き合い、それによる権利侵害の重大性を認識し、六・一七最高裁判決を塗り替えることなくして、安全で安心なエネルギー社会が到来することはありません。

〈参考文献〉

・宇沢弘文「社会的共通資本の概念」宇沢弘文・茂木愛一郎編『社会的共通資本――コモンズと都市』東京大学出版会、一九九四年。
・小泉康一『グローバリゼーションと国際強制移動』勁草

書房、二〇〇九年。
・通商産業省公害保安局編『産業と公害』通産資料調査会、一九七二年。
・服部浩幸「留まる以外の選択肢はほとんどなかった」関礼子編『福島からの手紙――十二年後の原発災害』二〇二三年。
・ハイデガー、大宮勘一郎訳「建てる　住む　思考する」『ハイデガー　生誕一二〇年、危機の時代の思索者（KAWADE道の手帖）』河出書房新社、二〇〇九年。
・松井健「マイナー・サブシステンスと日常生活」大塚柳太郎・篠原徹・松井健編『生活世界からみる新たな人間―環境系』東京大学出版会、二〇〇四年。

第6章

福島復興政策の問題点と国の責任

除本理史

原発事故被害の原状回復には、金銭賠償だけでは十分でなく、様々な政策・措置の実施が不可欠です。ところが、現在の福島復興政策はハード面の公共事業中心になっており、被災者一人ひとりの生活再建と復興に資するという視点からみると、多くの課題を抱えています。原子力災害からの復興には長期の取り組みが必要ですから、この点でも国の責任は重大です。

東日本大震災および福島原発事故において特徴的なのは、被災地域（避難元）がきわめて広範であり、また避難先も全国に広がっているという広域性です（広域避難）。このことが避難者の生活再建にも大きな影響を及ぼしています。

本章ではまず、住まいの確保を中心に、被災者支援策の経緯と問題点を振り返ります。避難者の生活再建には、就労、子育て、医療、介護、住まい、コミュニティなどにかかわる様々な課題がありまず。とくに、住む場所が不安定のままでは日常生活の落ち着きは取り戻せないため、住まいの再生は、生活再建のなかでもとくに重要な位置を占めているのです。

1 支援策の格差と打ち切り

（1） 賠償と支援策の区域間格差

原発事故の損害賠償は、避難指示等の有無によって、内容に大きな格差があります。避難指示等があった区域では、避難費用、避難慰謝料、収入の減少などの賠償がそれなりに行われてきました。他方、避難指示等がなかった場合、賠償はまったくなされないか、きわめて不十分です。住居や家財についても、賠償の有無が避難指示区域（旧警戒区域、旧計画的避難区域）の内・外ではっきりと分かれています。

これは地域間の賠償格差の問題（つまり避難指示区域外の被害の過小評価）とみることができます。避難者への慰謝料を例にとれば、避難指示区域、第一原発二〇〜三〇キロ圏の地域（緊急時避難準備区域）、さらに中通りやいわき市を含む自主的避難等対象区域など、何段階にも賠償の格差が設けられています（また区域内にも格差が存在します）。

しかし、この格差は住民の実感から乖離しており、納得を得られていません。そのため、住民の間に深刻な分断を生み出しているのです。

避難指示区域内・外の違いは、損害賠償だけでなく、被災者支援策において大きな格差を生んできました。区域内・外の避難者とも、同じく原発事故で避難を余儀なくされたのですが、政府の線引きによって格差が設けられており、そのことが避難生活にも大きな影響を及ぼしてきたのです。

（2） 避難指示の解除と仮設住宅の打ち切り

避難指示区域内に比べて、避難指示区域外の避難者（以下、区域外避難者と表記）には、そもそも賠償や支援策が手薄です。しかし仮設住宅の供与に関しては、福島県全域が対象となったため、福島県の区域外避難者はこの制度を利用することができました（ただし後述するように、この措置もすでに打ち切られています）。

事故発生当初、原発事故で避難を余儀なくされた人たちは、体育館、公民館などに開設された避難所や、親戚・知人宅などに身を寄せました。避難所の居住環境は劣悪だったため、ホテルや旅館など条件のよりよい避難所への移転も行われました。

また、仮設住宅の供与もはじまりました。プレハブなどの建設仮設住宅（写真1）は、福島県では二〇一一年秋ごろにはほぼ完成しています。また、仮設住宅の建設が間に合わないことから、自治体が民間賃貸住宅を借り上げて提供する、みなし仮設住宅（借上げ仮設住宅）も活用されました。

避難先は福島県内だけでなく、全国に広がりました（表1）。区域外避難者は、多くが県外に避難したものの、各地のみなし仮設住宅に入居することができました。家賃負担は基本的にありません。区域外避難者への賠償はきわめて限定的ですから、仮設住宅は避難継続において、非常に重要な支援措置となったのです。

二〇一四年四月以降、田村市都路地区、川内村東部の二〇キロ圏、楢葉町などで避難指示が順次解除されました。二〇一七年三月三一日と四月一日には、福島県内四町村、三万二〇〇〇人への避難指示が解かれています。その後も段階的に解除が続いてきましたが、現在も、帰還困難区域への避難指示は継続中です（一部解除された地域を除く）。

福島県は二〇一七年三月、区域外避難者への仮設住宅供与を終了しました。この打ち切り措置の影

写真1　福島県の建設仮設住宅（2014年4月、筆者撮影）

表1　福島県の避難者数（避難先別、2018年12月）

単位：人

北海道	937
東北	15,312
関東	18,172
中部	5,043
近畿	1,430
中国	582
四国	149
九州	789
沖縄	188
避難先不明	13
	計 42,615

出所：福島県災害対策本部「平成23年東北地方太平洋沖地震による被害状況即報（第1749報）」（2019年1月9日）より作成。

響は、およそ一万戸、二万六〇〇〇人に及びました（表2）。多くの避難者が新たな家賃負担や、退去・転居を余儀なくされたのです。避難者の生活再建には住居の確保が不可欠ですから、二〇一五年に供与終了の方針が明らかになると、避難者だけでなく、ジャーナリスト、実務家、研究者などからも批判や懸念の声があがりました。

福島県から新潟県に避難した人を対象に、新潟県が二〇一七年一〇～一一月に実施した質問紙調査からも、避難者の置かれた状況がわかります。今後の生活について、経済的な不安を感じている人（「とても不安を感じる」「ある程度不安を感じている」の合計）が、区域内では七六・〇％、区域外では八三・五％にのぼりました（表3）。自治体が実施した避難者への調査からも、「民間借上げ仮設住宅制度の打ち切り後も、少なからぬ世帯が放射能による健康不安や子育て上の諸事情などから帰還も選べず、自己契約で賃貸をしつづけ、経済的困窮に直面してきた」ことが明らかになっています（髙橋若菜編『奪われたくらし――原発被害の検証と共感共苦《コンパッション》』日本経済評論社、二〇二二年、二七四頁）。

（3）ある仮設住宅の事例調査から

筆者は二〇一七年八月、郡山市にある建設仮設住宅（以下、X仮設と表記）を対象に、閉所後の入居者の動向を調査したことがあります。X仮設には避難指示等が出された福島県浜通り地域からの避難者が暮らしていました。もともと、若い世代はみなし仮設住宅に暮らし、高齢者が建設仮設住宅にとどまる傾向があったので、X仮設の入居者も高齢の方が多かったのです。

表2　仮設住宅の供与戸数および入居者数（福島県分）

単位：戸、人

		福島県内			福島県外	計
		建設型	借上げ型	計	借上げ型	
戸数	避難指示区域	6,122	8,572	14,694	2,588	17,282
	同区域外	1,470	3,824	5,294	5,230	10,524
	計	7,592	12,396	19,988	7,818	27,806
人数	避難指示区域	10,921	17,701	28,622	6,394	35,016
	同区域外	3,404	9,353	12,757	13,844	26,601
	計	14,325	27,054	41,379	20,238	61,617

注：　2016 年 10 月末時点、福島県生活拠点課取りまとめ。同課によれば、「借上げ型」に災害救助法の枠外での提供戸数が含まれている場合がある（避難先自治体の集計による）。避難指示区域の範囲は 2015 年 6 月 15 日時点のもの。

出所：　衆議院東日本大震災復興特別委員会（2017 年 4 月 11 日）での高橋千鶴子委員提出資料（http://chiduko.gr.jp/kokkai/kokkai-5523 から入手可能）より作成。

表3　今後の生活に関する経済的な不安（新潟県調査）

（%）

	とても不安を感じている	ある程度不安を感じている	どちらともいえない	あまり不安を感じていない	不安を感じていない	無回答
全体 n=431	49.4	31.1	7.9	8.1	1.6	1.9
避難指示区域内 n=187	41.2	34.8	9.1	9.6	2.1	3.2
避難指示区域外 n=236	55.5	28.0	7.2	7.2	1.3	0.8

出所：　新潟県「福島第一原発事故による避難生活に関する総合的調査　アンケート調査報告書」2018 年 3 月、23 頁より筆者作成。

筆者が調査した入居者は、福島第一原発二〇～三〇キロ圏の旧緊急時避難準備区域の人たちが中心で、この区域は少額の賠償はあるものの、住居を再取得するための賠償は出ません。したがって、仮設住宅の提供が打ち切られると、避難元に戻るか、自己負担で避難先に住まいを確保するか、という厳しい選択を迫られたのです。

高齢者が避難元に戻ることをためらう要因はいくつかありますが、戻った場合のマイナス面が大きいことが挙げられます。都市部に避難した場合には、医療や介護の体制は避難先のほうが充実しているわけです。戻ったとしても、家族や近隣住民が避難したままで頼れる人がいなかったり、これまで以上に周囲に世話をかけたりしてしまうことへの遠慮もあります。また、避難者が集まって暮らす建設仮設住宅では、近隣同士のコミュニティが次第に形成されてきたため、そこから離れるのはつらいという方も少なくありません。

X仮設の管理戸数は一五〇でしたが、閉鎖時の入居戸数は数十戸と考えられます。二〇一七年三月一八日には自治会がお別れ会を催し、また三月二六日に閉所式が行われました。ほとんどの入居者は家族、親族、友達に手伝ってもらい、なるべく費用をかけないように引越しをしたといいます。

しかし前述のように、高齢者は医療や介護のニーズを抱えている場合が多く、それらを含む各種の生活基盤がストップしてしまった浜通り地域に戻って暮らすには、困難が予想されます。実際、X仮設でも、医療や介護のニーズが高い入居者は、避難元に戻ることができませんでした。最後に残ったのは、退去が困難な人工透析患者三世帯と、末期がん患者二世帯でした。人工透析患者を抱える三世帯のうち、病院の送迎や家族のサポートで通院が可能になった二世帯は何とか村に戻ったのですが、一世帯は帰村できず病院の近くにアパートを借りることになりました。また、入退院を繰り返していた末期がんの患者二人は、二〇一七年五〜六月に死去したそうです。

医療、介護などに加え、放射能汚染への不安もありました。避難元に戻ったある入居者は、自宅の庭で少量の野菜を育てており、食物をある程度自給できることは帰還のよい点だが、内部被曝への不安を完全には払拭できない、と話していました。浜通りに住む人たちは、山林の恵みをふんだんに受けて暮らしていたのですが、山林の除染はほぼ手つかずのため、放射線の健康影響に不安をもつ人がいてもおかしくありません。

被災者の個別事情は複雑・多様なので、それに応じた配慮が求められます。一律の支援策の打ち切りは、被災者に重大な影響を及ぼすのです。

（４）多様な選択肢の保障を

政府の避難者対策は、「帰還政策」「避難終了政策」という特徴をもっています。これらは、避難者を帰還または移住のフェーズへと移行させることで、「避難」という状態を終了させることをめざすものです。仮設住宅の供与打ち切りは、この方針をよくあらわしています。しかし、帰還か移住かという二者択一の枠組みでは、避難者の意識をきちんと捉えることはできません。

避難先で住居を再取得した場合、たしかに生活再建が一定程度進展したといえますが、それが避難生活の終了を意味するわけではありません。とりあえず居住スペースを確保したにすぎず、依然として「宙ぶらりん」のままであり、避難前の暮らしが取り戻せるわけではありません。避難先で住居を確保したとしても、自分は避難者だと認識している場合が少なくないのです。

したがって、帰還でも移住でもないという選択肢を保障しうるよう、施策を見直すべきです。これまで提案されてきたように、避難先での住まいの中長期的な保障や、現住地と避難元（原住地）の両方の自治体に参加できる仕組み（「二重の住民登録」）を検討しなくてはなりません。一人ひとりの事情に応じて、多様な選択を保障しうる条件づくりが求められます。

後述のように、多様な復興の姿を各個人や家族が選択できる「複線型復興」の視点が不可欠です。これはまさに原発事故子ども・被災者支援法の理念でもあります。被災者の実情を十分に把握し、一人ひとりの生活再建と復興が可能になるよう、きめ細かな支援策を講じていくべきです。

「帰還政策」「避難終了政策」は、事故賠償に関する原子力損害賠償紛争審査会（以下、原賠審と略す）の指針や、それに基づく東京電力の賠償基準にも、強く影響を及ぼしてきました。たとえば、賠償終期（打ち切り時期）の設定によって、総額を抑制するとともに、避難者の帰還や避難地域の復興を促すという政策的意図が挙げられます。

もちろん、こうした政策的意図が単純に実現してきたわけではなく、被害者や世論の批判を受けて、一定の修正も行われています。しかし、被害実態に即して賠償指針・基準を抜本的に見直すのではなく、賠償終期の若干の先延ばしや、政府方針の修正に沿った手直しがなされるにとどまりました。そのため、「ふるさとの喪失／剥奪」のような深刻な被害がきちんと踏まえられていないなど、重大な欠落が手つかずのままになってきたのです。

原賠審は二〇二二年一二月、「ふるさとの喪失／剥奪」に対する慰謝料の増額などを含む中間指針の見直し（第五次追補策定）を行いました。しかし、区域間の賠償格差をさらに広げたことなど、多くの問題点が残されています。今後も継続して、被害実態に即した賠償指針の見直しを続けるべきです。

2　復興政策の問題点と課題

原発事故被害者の集団訴訟は、被害実態に即した賠償や原状回復を求めるだけでなく、政府の復興政策の問題点を明らかにし、その見直しを求めることも課題としています。復興政策の問題点としては、①個人に直接届く支援施策よりも、ハード事業・土木事業が優先される傾向があること、②多様な選択肢が保障されず、画一的な生活再建・復興ビジョンが据えられていること、③長期的視点が弱く被害の捉え方が狭いこと、などが挙げられます。以下ではこれらを順に検討していきましょう。

（1）不均等な復興

政策の問題点は、財政をみるとよくわかります。東日本大震災における復興財政の特徴は、ハードの公共事業に重点が置かれる一方、被災者支援に充当される割合が低いことです。福島復興政策でも、

写真２　土木工事としての除染（飯舘村、2015年６月、筆者撮影）

全国に避難した人たちを含む被災者個人に直接届く支援施策より、避難元地域における除染やインフラ復旧・整備などが優先される傾向があります（写真２）。

これは福島県内の避難元地域の人口や経済活動の回復をねらうものであり、被災者個人よりも「地域」に焦点があたります。加えて、福島県外への避難者には支援策が手薄になる傾向もあります。

そもそも政府は、自然災害において家屋など個人財産の補償は行われるべきではなく、自己責任が原則だという立場にたっています。原発事故に関しても、福島復興再生特別措置法一条にみられるように、政府は原子力政策に関する社会的責任は認めますが、規制権限を適切に行使しなかったことによる法的責任（国家賠償責任）は認めていません。そのため復興政策では、個人に直接届く支援施策よりも、インフラ復旧・整備などが優先される傾向があるのです。

このような特徴をもった復興政策は、さまざまなアンバランスをもたらします。こうしたアンバランスを、筆者は「不均等な復興」（あるいは「復興の不均等性」）と表現してきました（除本理史・渡辺淑彦編著『原発災害はなぜ不均等な復興をもたらすのか――福島事故から「人間の復興」、地域再生へ』ミネルヴァ書房、二〇一五年）。

たとえば、復興政策の「恩恵」を受けやすい業種と、そうでない業種の格差があります。復興需要は建設業に偏り、雇用の面でも関連分野に求人が集中します。また、被害者の置かれた状況によっても、違いが生まれます。避難指示が解除されても、医療や教育などの回復が遅れているため、医療・介護ニーズが高い人や、子育て世代が戻れないという傾向がみられるのです。避難者が戻れなければ、小売業のように地元住民を相手にしていた業種では、事業再開が困難になります。

被災地全般に共通する不均等性に加えて、原発事故の被害地域では、放射能汚染の特性と、福島復興政策によってつくりだされた分断が作用しています（図1）。

第一は、原発事故を受けて設定された避難指示区域などの「線引き」により、地域間の不均等性がつくりだされていることです。賠償の区域間格差は、その代表的な例です。

第二は、「線引き」による区域設定が、必ずしも放射能汚染の実情に対応していないことです。そのため、区域間の賠償格差と、放射能汚染の濃淡とが絡みあって、住民の間に分断をもたらしているの

図１　原発災害における復興の不均等性と被害者の分断

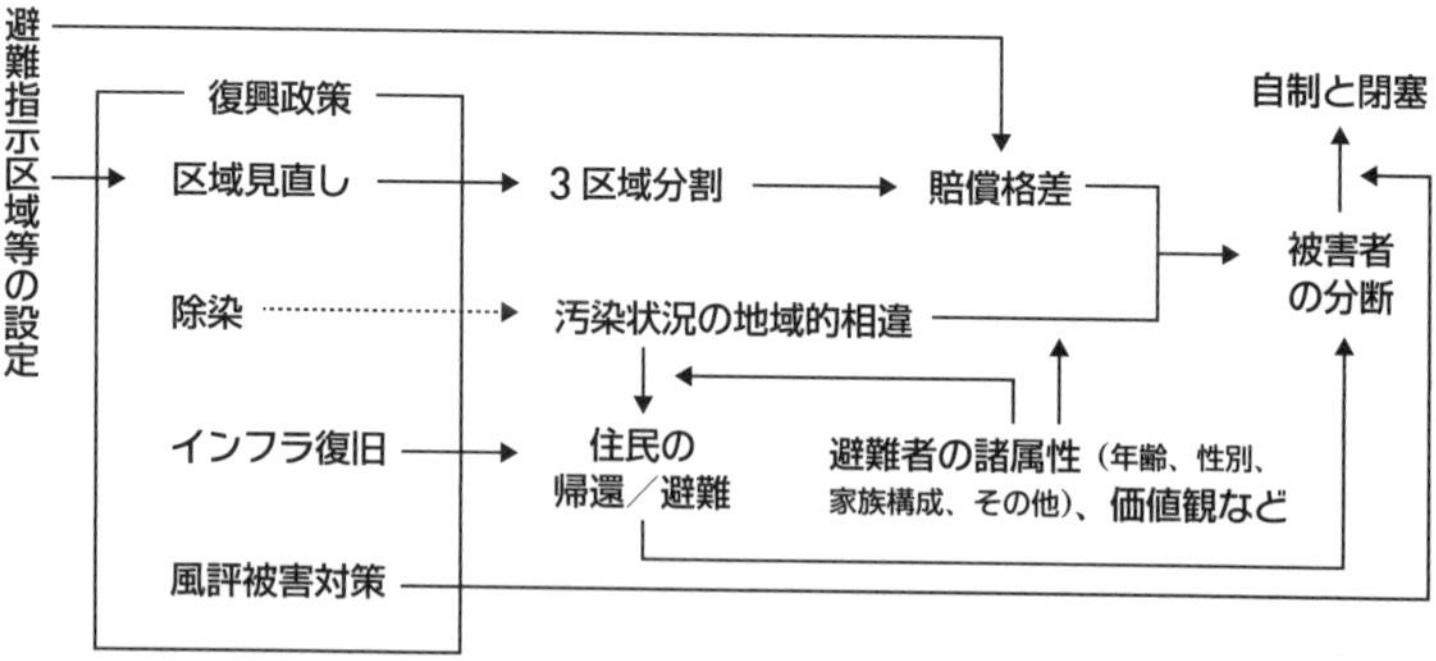

注：矢印は因果関係をあらわし、点線は結果が原因を必ずしも前提としないことを意味する（汚染状況の地域的相違は、主として原発事故後の放射性物質の降下によるもので、除染はそれを変化させる要因である）。当面の議論に必要と思われる内容を図示したにすぎず、重要だが省略されている事象もある。

出所：筆者作成

です。

第三は、放射線被ばくによる健康影響は、将来あらわれるかもしれないリスクであり、その重みづけが、個人の属性（年齢、性別、家族構成など）や価値観、規範意識などによって異なることです。たとえば若い世代、子育て世代は、汚染に敏感にならざるをえません。同じ放射線量であっても、そのもとでの避難者の意識と行動は同一ではなく、個人の属性や価値観などにより多様化するのです。しかし多様なリスク対処行動が必ずしも尊重されず、不安をうったえる声が抑圧される傾向があります。

第四に、各種の生活基盤（医療機関や学校などを含む各種インフラ）の復旧・整備が進んでも、避難者ごとの事情により、ニーズが異なるということがあります。医療・福祉や教育など、復旧・整備が進まないインフラへの依存度が大きい人は、戻ることができません。そのため復興政策の影響は、不均等にあらわれるのです。

図2　複線型復興モデル

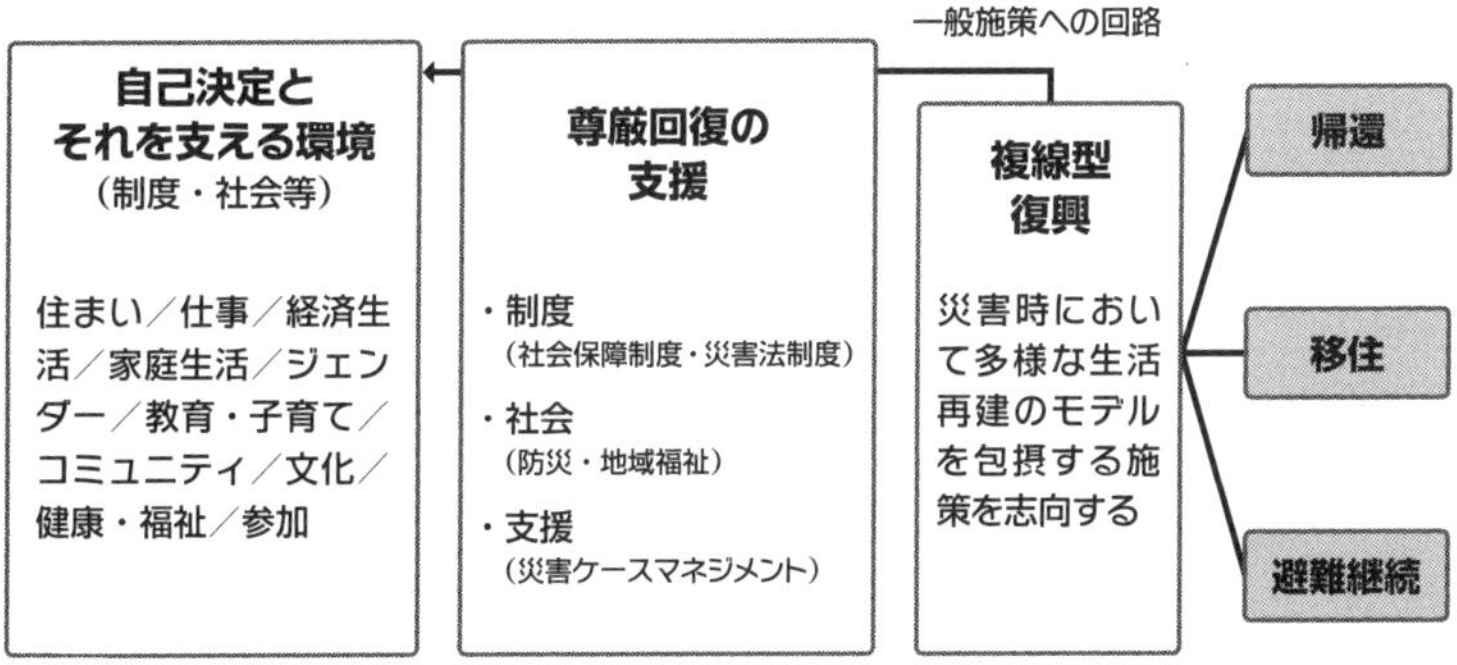

出所：　丹波史紀『原子力災害からの複線型復興――被災者の生活再建への道』明石書店、2023年、300頁、図5-3（一部加筆）

他の住民が戻らなければ、コミュニティへの依存度が大きい人びとは、帰還して暮らしていくことが困難です。その結果、帰還を進める自治体では、原住地と避難先との間で住民の分断が起きてしまいました（また、避難先は一つではないので、その違いによる分断も生じます）。

浜通りの避難元地域へ公共事業を注ぎ込むことに偏するのではなく、被災者一人ひとりに届くきめ細かな支援策を重視する方向へと、政策を転換すべきです。

（2）「複線型復興」に向けて

福島復興政策の第二の問題点として、前述の通り、被災者が多様な選択肢のなかから一人ひとりの生活再建ビジョンと復興像を探り出すことがきわめて困難だということがあります。このことは被災者の尊厳の回復に反し、「生活の質」を著しく損ねています。

これに対して、多様な選択肢を保障しようとする復興理念が「複線型復興」です（図2）。被災の核心は人や地域の「尊厳」が損われることであり、したがって復興の目標は尊厳の回復に置かれなくてはなりません。いのちや健康、住まい、仕事や生業、地域コミュニティでの暮らしなど、被災の領域は大きく広がっています。被災者個人・家族だけでなく地域の価値の毀損などを包含するトータルな被害を視野に収め、それらの尊厳の回復をめざすべきです（丹波史紀『原子力災害からの複線型復興――被災者の生活再建への道』明石書店、二〇二三年）。

複線型復興を具体化するうえで「災害ケースマネジメント」と呼ばれる考え方が有効です。これは、個々の被災者に寄り添い、実情に即してメニューを組み合わせ、ワンストップで支援を実施していく仕組みを意味します。そこでは社会福祉専門職などの役割が重要になってきます。現在のように災害が頻発する状況下では、「複線型復興」の理念に基づき支援策を充実させていくことがきわめて重要な課題であり、人権保障をめぐる不可欠の論点として議論が深められるべきでしょう。

（3） 長期的な復興課題と国の責任

福島原発事故災害からの復興には、長期の政策的対応が必要です。残された課題は多く、福島第一原発の廃炉・汚染水対策、除染廃棄物の中間貯蔵と最終処分、除染対象外とされた広大な山林の汚染、帰還可能となった地域での産業や暮らしの復興、帰還困難区域における除染や避難指示解除、長期避難者の生活再建など、多岐にわたります。これらは単に放射性物質の半減期が長いというだけでなく、これまでの復興政策に重大な欠落があるために生じているという面が大きいのです。

避難指示の解除が進み、たしかに住民は帰還できるようになっています。しかし、暮らしの回復は進んでいません。商業施設などもできて、生活基盤が整ってきたようにみえますが、住民同士のつながり（コミュニティ）など、目にみえにくい部分で回復が遅れているのです。

避難指示が出された浜通り地域は、自然が豊かで農業的な色彩が強いという特徴があります。農業用水の管理などでは、コミュニティによる共同作業が重要な役割を果たします。伝統や文化もコミュニティのなかで継承されてきましたし、それらのもつ精神的価値が、人びとを相互に結びつける働きをしていました。しかし帰還が進まないために、以前より少ない人数で、農地管理や共同作業などをこなさなければならないという実情があります。そうした営みの基盤となるコミュニティ再生の課題が浮上しているのですが、政府の福島復興政策においてはこうした点が弱いのです。

避難解除地域における農的営みの回復が重要な課題となっていますが、（地域差はあるものの）住民の帰還が進まないもとでは、農地をある程度集積・集約することなども必要でしょう。これは全国の農村に共通する課題であり、新しいチャレンジが求められています。とはいえ歴史を「チャラにする」のではなく、もともと地域に根づいていた農的な営みと生活の価値を継承することが不可欠です。現在の農業復興政策は「産業としての農」に傾斜しているため、「なりわいとしての農」を担う人びとを支えていく施策へと、転換することが求められます（塩谷弘康「福島農業の復興・再生に向けた現状と課題——震災・原発事故八年半を経過して」『農業法研究』五五号（二〇二〇年）、一七—一八頁）。

こうした問題が生じるのは、原発事故被害の捉え方が狭いからです。東京電力の賠償でもそうなのですが、生活再建といっても、住居など一部の条件に目が向けられがちです。山菜・キノコ採りなどの「マイナー・サブシステンス」(副次的ですらない生業)は、住民の暮らしに根づいた大事な活動であり、山林は生活圏でした。しかしそのことは重視されず、山林の除染はほぼ手つかずのままです。生業と暮らしを回復し「ふるさと」を再生していくためには、まず失われたものの総体を明らかにし、その重要性を再確認する作業が不可欠です。

原子力災害の実情を踏まえれば、長期的視点に立った復興政策が必要です。国の責任は、そのプロセスに寄り添い、被災地の内発的な復興と被災者の生活再建を継続的に支援することにあります。

3 政策転換に向けた司法の役割

以上で述べてきたように、原発事故被害の実態を十分に把握するとともに、一人ひとりの生活再建と復興が可能になるよう、きめ細かな支援策を講じていくことが強く求められます。そのためにも、国と東京電力の責任解明がきわめて重要です。

戦後日本の公害問題を振り返れば、このことは明らかです。たとえば、四日市公害訴訟の原告はたった九人でした。しかし、司法が加害企業の法的責任を認めたことを受け、一九七三年に公害健康被害補償法がつくられて、一〇万人以上の大気汚染被害者の救済が実現したのです。このように公害・環境訴訟は、加害責任の解明を通じて、原告の範囲にとどまらず救済を広げ、さらに被害の抑止を図る制度・政策形成の機能をも果たしてきました。原発事故被害者の集団訴訟も、この経験を踏まえて、賠償や復興政策の見直し、それらを通じた幅広い被害者の救済と権利回復をめざしています。

国は、福島原発事故をめぐって問われている責任（法的責任、および政治的・政策的責任を含む）を踏まえ、これまでの復興政策の見直しを行うとともに、被災者一人ひとりの復興と生活再建、および被災地の内発的で長期的な復興に資する施策を引き続き講じるべきです。そのために司法が積極的役割を果たすことが強く求められています。

〈**参考文献**〉

・丹波史紀・清水晶紀編著『ふくしま原子力災害からの複線型復興——一人ひとりの生活再建と「尊厳」の回復に向けて』ミネルヴァ書房、二〇一九年。
・除本理史『公害から福島を考える——地域の再生をめざして』岩波書店、二〇一六年。
・吉村良一・下山憲治・大坂恵里・除本理史編『原発事故被害回復の法と政策』日本評論社、二〇一八年。

第7章

原子力安全規制と司法の役割

長谷川公一

1　はじめに

東京電力福島第一原発事故（以下、福島原発事故と略す）が、事業者たる東京電力株式会社のみならず、規制権限を持つ国にも大きな責任がある「人災」であったことは、政府事故調査報告書、国会事故調査報告書、民間事故調査報告書をはじめ、内外の研究者が等しく指摘しています。国会事故調査報告書は、「東電及び保安院にとって、今回の事故は決して「想定外」とはいえず、対策の不備について責任を免れることはできない」と明確に結論づけています。

実際、日本政府が、二〇一二年九月一九日に原子力安全委員会、原子力安全・保安院を廃止し、環境省の所管のもとで、原子力規制庁、原子力規制委員会という新規制体制への刷新を図ったことは、日本政府自身が、福島原発事故で顕在化した原子力安全規制の問題点を真摯に反省したことの何よりの証です。

原子力規制委員会設置法（二〇一二年六月二七日公布）の第一条は、福島原発事故以前の原子力安全規制における①縦割り行政の弊害、②推進および規制機能の未分離、③過酷事故の可能性を前提としてこなかったこと、④国際原子力機関（IAEA）などの国際的な規制基準を順守してこなかったこと、⑤専門的知見に基づく中立公正な立場で独立して職権を行使してきたわけではなかったこと、原子力安全規制における以上五点の問題の所在を認め、反省を踏まえたうえでの原子力規制委員会の設置であることを、同委員会の目的として明示しています。

その意味で、最高裁二〇二二年六月一七日判決（以下、六・一七最判と略す）の多数意見は、これらを完全に黙殺しており、真摯な反省の上に再出発したわが国の原子力安全規制行政の形骸化を進めかねない、極めて危険で不当な判決です。司法は、原子力規制委員会発足の原点に立ち返るべきです。

裁判所は原子力安全規制に関してこれまで司法としての機能を果たしてきたのか、いかに司法としての機能を果たすべきかという問いを、福島原発事故は、鋭く重く突きつけています。

六・一七最判三浦反対意見が、「本件長期評価（二〇〇二年長期評価――引用者）は、本件地震のように、複数の領域が連動して超巨大地震が発生することを想定していなかったが、『想定外』という言葉によって、全ての想定がなかったことになるものではない。本件長期評価を前提とする事態に即応し、保安院及び東京電力が法令に従って真摯な検討を行っていれば、適切な対応をとることができ、それによって本件事故を回避できた可能性が高い。本件地震や本件津波の規模等にとらわれて、問題を見失ってはならない」と指摘し、多数意見は問題を見失っていると厳しく批判しているのは、至言です。

福島原発事故に関する訴訟において司法が果たすべき役割と責務は、政府事故調査報告書、国会事故調査報告書、民間事故調査報告書などが指摘してきた福島原発事故の構造的事故原因を直視したうえで、「問題を見失うことなく」客観的で公正かつ真摯な審判を下すことにあります。

2　わが国の原発推進政策の基本特徴

わが国では、原子力発電所の推進政策が、（1）他国に例を見ないほど強力に「国策」として推進されてきたことと関連して、（2）司法をはじめとする社会的監視機構の弱さが原発推進政策の硬直性を規定し、過酷事故をもたらした社会的背景です（長谷川公一『脱原子力社会へ』を参照）。

（1）「国策」としての推進と原発推進政策の硬直性

欧米諸国では、米国で起こったスリーマイル事故（一九七九年）と旧ソ連のチェルノブイリ事故（一九八六年）をきっかけに原子力発電建設にブレーキがかかりました。しかし日本では福島原発事故まで原発推進体制が続いてきました。国策としての硬直的な原発推進政策のゆえに、また原子力安全規制の構造的な機能不全によって、原発の社会的コストが相対的に低く評価され、事故のリスクも過小評価されてきたのです。しかも岸田文雄内閣の発足（二〇二一年一〇月）以降、原発推進政策が復活しつつあります。

政策の硬直性と官僚制の自己維持的性格

既得権益の壁による問題解決の先送り、弥縫策的対応、政策当局者の危機意識の薄弱さは、現代日本社会の多くの社会問題・政治問題に共通に指摘できる構造的特徴ですが、原子力発電に関わる問題もその典型です。

官僚制は自己維持的な性質をもっていますが、原子力産業も軍事産業と同様に自己維持的性格が強いのです。軍事技術の民生転用からはじまった原子力産業は軍事産業と性格が似ており、他業種への転換が容易ではありません。原子力産業自体が生き残るためにも原子力開発が必要とされるというメカニズムがあります。

とりわけ原子力発電の是非のように、安全性を危惧する地域住民との間の係争課題であり、政治的にも重大な争点の場合には、原子力発電の見直しを推進側内部から提起することは困難です。「緊急性圧力」と呼ぶべき、国際的な圧力や提訴、判決、災害、重大事故などの緊急の対応を迫る組織外からの社会的圧力がないかぎり、政策転換は発議されにくく、かつ組織内部の合意も得がたいのです。福島原発事故以前は、「緊急性圧力」が働らきにくかったのです。

(2) 社会的監視機構の弱さ——原発推進の社会的背景

アメリカでは原子力発電の是非は長い間、政府の経済政策や妊娠中絶の是非などと並んで、支持的な共和党と否定的な民主党との政策的な立場を分岐させる典型的な争点でした。大統領選挙や上院・下院議員選挙、州知事や州議会の選挙において、両党の勢力は拮抗しているだけに、原発問題は近年まで政治的な対立軸をなし続けてきました。

韓国においても、台湾においても、原子力発電の是非は長い間、原発推進的な保守政党と原発に批判的なリベラルな政党との間での論争的な争点であり続けています。

日本では政権交代の乏しい一党優位体制が長く続いてきたこともあって、福島原発事故以前は、原子力施設の立地点を含む選挙区から選出された国会議員をのぞいては議員の関心は低く、国会で大きな争点となることは少なかったのです。

日本の原子力関係の法律は原子力基本法(一九五五年公布)以下、独自の法体系をなしており一元的であることが特色で、原子力は長い間公害対策基本法・環境基本法などの規制対象から外されてきました。省庁再編までは旧環境庁はわずかに温排水に関与してきたにすぎません。環境省が放射性物質や放射性廃棄物に関してほとんど規制権限をもたなかったのは、原発を保有する国のなかでは日本とそれを真似た韓国・台湾のみでした。長い間、経産省(旧通産省)と文部科学省(旧科学技術庁)、実質的には科学技術庁に属していた原子力委員会と原子力安全委員会、財務省(旧大蔵省)をのぞいては、原子力行政に関して実質的な権限をもつ官庁はなかったのです。

日本の場合には、結局、国策である「原子力推進」とは独立の立場から、建設予定の、建設中の、また稼働中の原子力発電所がチェックをうける制度的機会が乏しかったのです。

原子力発電所の建設過程に特徴的なのは、第一次および第二次の公開ヒアリングですが、それは立地適性の判断や安全審査の過程に地元自治体や地元住民の意思を反映させる場としては機能していません。建設を前提とした形式化した手続きなのです。制度上の交渉機会をもつ周辺住民は、事実上地権者と漁業権者に限られています。実質的には、他の大規模公共事業と同様に、立地点の地元市町村との合意、県の合意が不可欠です。そしてこれらの「合意」は、代議制民主主義の前提のもとに議会の意思によって、またそれに規定された自治体首長の意思によって代表されることになっています。住民・市民の意見に、国や事業者側が耳を傾ける場は設けられていないのです。

司法の社会的監視機能

福島原発事故前は、司法の社会的監視機能にも大きな問題がありました。福島原発事故以前にも原子炉の安全対策の不備を指摘してきた訴訟が、全国で約二〇件以上も提起されていました。しかし原告の主張が認められたのは、二〇〇三年一月二七日の名古屋高裁金沢支部もんじゅ設置許可無効確認・差止判決、二〇〇六年三月二四日金沢地裁の志賀原発2号機運転差止判決のわずか二判決にとどまっていたのです。司法の独立性の高いドイツやアメリカなどで、訴訟によって原子力施設の建設や運転が停止してきたことと対照的です。

日本では、福島原発事故以前は、司法は、原子力施設に対する社会的監視機能を十分に発揮してきませんでした。以下に詳述するような、原子力安全規制の空洞化に、司法もまた事実上加担してきたのです。司法をはじめとする社会的監視機構の弱さが原発推進を規定し、福島原発事故という過酷事故をもたらした社会的背景です。

このような構造は、原子力規制委員会発足後も簡単には変わりません。司法当局の厳しい司法判断は、原子力安全規制の実効性を大きく規定しています。司法当局が緩やかな司法判断を繰り返している限り、原子力安全規制もまた弛緩していくことは必定です。その意味で、六・一七最判多数意見は、福島原発事故をもたらした安全規制を免責し、今後の原子力安全規制の空洞化をもたらしかねない、きわめて危険な判決です。

3　わが国の原子力安全規制の問題点

（1）原子力安全規制の空洞化――構造的要因と帰結

国は国策として原発推進政策をとってきた一方、それゆえ、国際的には必要とされながらも、原発推進の障害となりかねない安全規制を意図的・作為的にサボタージュしてきました。このことが東電の福島原発事故の原因であることは、政府事故調報告書も、国会事故調報告書も痛恨事として記述しています。

しかも、「事業者の『虜《とりこ》』となってしまっている」（前掲『国会事故調報告書』五二〇頁）と指摘されているように、国は本来定められた安全規制を事業者に遵守させなければいけなかったにもかかわらず、電気事業者に隷属して安全規制をおろそかにしたまま、原発を稼働させ続けてきました。原子力安全規制が空洞化し、機能してこなかったがゆえに福島原発事故は起きたのです。

①安全規制の原発推進への従属

国会事故調報告書は、冒頭の結論部分で、「歴代の規制当局と東電との関係においては、規制する立場とされる立場の『逆転関係』が起き、規制当局は電気事業者の『虜』となっていた、その結果、原子力安全についての監視・監督機能が崩壊していたと見ることができる」と述べています（一二頁）。「当委員会による調査の結果、本事故の発生と拡大を防ぎ得なかった要因として、わが国の原子力規制全体システム全体に関わる組織的、制度的な面においていくつもの問題点があきらかになった。東電の事故報告書が、今回の事故原因を想定外の津波として片付けているのは受け入れ難いことである。」。国会事故調報告書は、このように結論づけています（五〇二頁、傍点引用者）。政府事故調と国会事故調の関係者にとってもまた、事故の進行過程に関する詳細な検証を欠いたまま国の法的責任を認めなかった六・一七最判は、両報告書を看過するものであり、到底「受け入れ難い」ものでしょう。

「エネルギー資源の乏しいわが国の国策として原子力利用の推進がまず先にあって、推進のために国民と立地自治体に対して『安全の説明』が必要であるという文脈で規制が形作られてきた歴史的経緯がある。これが健全な安全文化の形成発展を拒んできた根本原因であるといってよい。（中略）日本の規制当局は、推進が最優先であり、また規制を導入することで過去の安全性に疑問符がつくことによる敗訴のリスクを避けるために、また立地住民や国民の目が向くことを避けるために、徹底的に無謬性にこだわり、規制を改善することに否定的であった。安全文化を構造的に受け入れない仕組みであった。（中略）これまでの規制組織において、安全文化というのは有名無実であり『安全』『安心』の無責任な安売りが、高価で悲劇的な代償を伴う結果を招くことにつながった」（前掲『国会事故調報告書』五〇二－五〇三頁）。

②規制機関と推進機関が同一省庁に

原子力安全規制が原発推進体制の中に従属していたことは、規制機関である原子力安全・保安院と推進機関の資源エネルギー庁が、経済産業省という同じ省庁に管轄され、同一の建物の中にあったことに端的に示されています。このような国は日本以外にはありませんでした。

③原子力安全規制の立ち遅れ

福島原発事故当時の斑目春樹原子力安全委員会委員長（二〇一〇年四月から二〇一二年九月在任）の述懐には、委員長としての反省と、トップとして福島原発事故以前から安全委員会の改革をめざしてきた当事者としての経験にもとづく率直で貴重な証言が少なくありません。

「軽水炉の安全性に関する指針類に関して、この二〇年間で改訂されたものは、ほとんどありません。あったとしても細かな改訂であり、指針の基本となる大きな思想から考え直す作業をしたのは、二〇〇六年の耐震設計審査指針の改訂だけです」と斑目春樹原子力安全委員会委員長は証言しています（前掲『証言　斑目春樹』一七三頁）。

その結果、原子力法規制は対症療法的、パッチワーク的対応に終始してしまいました。「その結果、予測可能なリスクであっても、過去に顕在化していなければ対策が講じられず、常に想定外のリスクにさらされることとなった」（前掲『国会事故調報告書』一八頁）のです。

④規制機関の独立性・専門性・透明性の欠如

このような立ち遅れや規制強化への消極姿勢をもたらした構造的な要因は、第一に、原子力安全・保安院の独立性・専門性・透明性が担保されていなかったからです。原子力安全・保安院は、人事・予算の面で経済産業省に従属していました。

⑤先例墨守・先送り・変革への強い抵抗――組織文化の問題点

先例を墨守し、先送りを好み、変革に対して強い抵抗を示すという組織文化がありました。このような組織文化の根底にあるのは、国策としての原子力推進の障害にならないような安全規制という主客転倒した考え方です。安全規制の担当者は、電気事業者の利害とぶつかるがゆえに、役所の中の有能な人間は安全規制をやりたがらないという通弊があったことも指摘されています。

⑥規制当局の専門性の不足

福島原発事故は、規制当局である保安院の専門性の低さを顕わにしました。規制当局の事業者への従属は、事業者よりも専門性が高くないということによっても悪循環的に再生産されていたのです。

では、このような原子力安全規制の空洞化は、福島原発事故において、どのように深刻な事態をもたらしたのでしょうか。

（2）全交流電源喪失（SBO）対策の不備、その帰結と背景

二〇一一年三月一一日一五時四二分福島第一原発1～5号機は長時間の全交流電源喪失（SBO）に陥り、1、2、4号機は直流電源喪失にも陥りました。第一原発1～4号機の外部電源が復旧し、安定的に冷却できるようになったのは、ようやく三月二二日一六時頃のことです。約一一日間外部電源を喪失していました。

第一原発に一三台あった非常用ディーゼル発電機の中で、やや高台にあった空冷式の非常用ディーゼル発電機一台（第一原発6号機用に一九九四年に増設されていた）のみが、独立の建屋内に置かれ、冠水を免れたため機能しました。約四六時間後に、この電源により、第一原発6号機は冷却操作が可能になりました。

第二原発では、外部電源一回線が生きていました。四基中三基が一時冷却機能を喪失しましたが、三月一三日深夜電源を復旧させることができました。過酷事故に陥った第一原発と事故に至らなかった第二原発の大きな相違点はここにあります。

政府事故調の最終報告書の委員長所感で、畑村洋一郎委員長は、「今回の事故の直接的な原因は、「長

時間の全電源喪失は起こらない」との前提の下に全てが構築・運営されていたことに尽きる」と結論づけています（『政府事故調最終報告書』三三頁）。ＮＨＫメルトダウン取材班『福島第一原発事故の「真実」』（講談社、二〇二一年）、新潟県原子力発電所の安全管理に関する技術委員会の検証報告書など、事故の経緯についてはその後も詳しい分析が進んでいますが、この結論を否定する研究はありません。

六・一七最判は、このような検証報告に頬被りしているのです。

「長時間にわたる全交流電源喪失は、送電線の復旧又は非常用交流電源設備の修復が期待できるので考慮する必要はない」（『発電用軽水型原子炉施設に関する安全設計審査指針』〈一九七七年〉の指針９の解説）とされ、具体的な根拠が乏しいにもかかわらず、慣行として「三〇分以内」で電源は回復すると想定されてきました。津波や地震などの自然災害によって全交流電源喪失が起こり、外部電源の故障と内部電源の故障が連動するような事態は想定されていなかったのです。

しかも福島第一原発では地下に設置されていたにもかかわらず、非常用ディーゼル発電機などの冠水は想定されていませんでした。

「長時間にわたる全交流電源喪失は考慮する必要はない」とされてきたために、福島第一原発では電源車も用意されておらず、予備バッテリーも備蓄されていませんでした。全交流電源喪失を前提とするマニュアルもなかったのです。「東京電力が最悪の事態を想定して準備していた緊急対応のマニュアルは、中央制御室の計器盤を見ることができ、制御盤で操作が可能なことを前提に記されていた」（前掲『福島第一原発事故の「真実」』二八七頁）のです。

吉田昌郎所長らは、パネルやスイッチ、水位計などが読み取りがたく、プラントの把握が困難な中で、免震棟内の電源だけを頼りに悪戦苦闘を強いられました。起こらないはずの全交流電源喪失が起きてしまったために、電動弁やSR弁（主蒸気逃し安全弁）などが操作できず、減圧・注水は困難を極め、ベントも遅れたのです。建屋の換気装置が機能せず、建屋の水素爆発は防げませんでした。

前掲『福島第一原発事故の「真実」』では、①1号機のIC（イソコン、非常用復水器）が手動で停止され、作動していないことに、吉田所長らが八時間にわたって気づかなかったこと、②3号機のHPCI（高圧注水系）手動停止の報告が遅れ、六時間以上にわたって、原子炉注水が中断し、HPCIの再起動が困難となったことの二つを第一原発の致命的な操作ミスとしていますが、このような操作ミスが誘発されることになったのも、長時間にわたる全交流電源喪失が想定されていなかったからです。

全交流電源喪失（SBO）対策が軽視されてきた背景

ではなぜ、全交流電源喪失（SBO）対策が長年にわたって軽視されてきたのでしょうか。政府事故調も、国会事故調も、この点に注目しています。

それは、一九七七年六月一四日付けで原子力委員会が策定した発電用軽水型原子炉施設に関する安全設計審査指針の指針9「電源喪失に対する設計上の考慮」で、「原子力発電所は、短時間の全電力電源喪失に対して、原子炉を安全に停止し、かつ、停止後の冷却を確保できる設計であること。ただし、高度の信頼度が期待できる電源設備の機能喪失を同時に考慮する必要はない」（傍点引用者、以下同）と規定されていたからです。スリーマイル島事故（一九七九年）等を受けて、一九九〇年八月に原子力安全委員会は安全設計審査指針を改訂しましたが、実質的な内容には変化はありませんでした。

安全設計審査指針の解説も、一九七七年の指針9の解説を踏襲し、「長時間にわたる全交流電源喪失は、送電線の復旧又は非常用交流電源設備の修復が期待できるので考慮する必要はない。非常用交流電源設備の信頼度が、系統構成又は運用（常に稼働状態にしておくことなど）により、十分高い場合においては、設計上全交流電力電源喪失を想定しなくてもよい。」としていました。

原子力安全委員会は、福島原発事故後、二〇一一年九月一五日の原子力安全基準・指針専門部会で、「短時間」と限定が付された根拠について質問を受けましたが、三〇分以内と三〇分以上の全交流電源喪失発生確率のごく簡単な評価が行われている資料が存在することしか示すことができませんでした。

原子力安全委員会では、「『短時間』を三〇分間と解釈する（中略）審査慣行や指針の妥当性が強く疑問視されるには至らず、長時間のSBOは考慮する必要はないという規定が改訂されることは無かった」（『政府事故調中間報告書』四一四頁）のです。

国会事故調は、さらに踏み込んで、全交流電源喪失対策規制の先送りの経緯を詳細に明らかにし、原子力安全委員会の対応を厳しく批判しています。

「米国での昭和六三（一九八八）年の規制実施」の内容については、「全交流電源喪失（SBO）については、米国では一九八八年にSBO規則を定めて、四時間から一六時間の停電を想定して対策を立てるよう義務づけと同時に、雪やハリケーン、竜巻といった自然現象の発生も考えて対策をとるように求めています」と斑目春樹原子力安全委員会委員長が証言しています（前掲『証言　斑目春樹』一九四頁）。

ＳＢＯ対策規制の先送りは具体的には以下のように行われました。一九九一年に原子力安全委員会内の原子力施設事故・故障分析評価検討会に「全交流電源喪失事象検討ＷＧ」が設けられ、この委員は五人でしたが、「部外協力者」として東電及び関西電力からおのおの一人が全ての会合に出席していました。また、安全委員会の事務局を務めていた科学技術庁（以下「科技庁」という）は原子力発電所に関する知見に乏しく、ＷＧを中心的に取りまとめていた科技庁原子力安全調査室の担当者は電気事業者からの出向者でした。

一九九二（平成四）年一〇月二六日付で、ＷＧの事務局を担当する原子力安全調査室は、電気事業者からの部外協力員二人（東電および関西電力からの二人――引用者注）に対して「『三〇分程度』としている根拠を外部電源の故障率、信頼性のデータを使用して作文してください」「今後も『三〇分程度』で問題ない（中長時間のＳＢＯを考えなくて良い）理由を作文してください」との現行方針を改訂する必要がない根拠の作文の依頼を含む一〇項目の質問文書を出しています（前掲『国会事故調報告書』四六二―三頁）。

全交流電源喪失対策規制の先送りは、国会事故調査報告書が具体的な経緯を詳細に明らかにしていますが、原子力安全委員会が、規制強化を忌避する電気事業者と結託して意図的・作為的に先送りしたのです。

全交流電源喪失対策規制の検討が行われた一九九一～九三年は、原子力発電所の設置許可取消訴訟が最高裁で棄却されはじめた時期（一九九二年）と重なっていることが注目されます。伊方1号炉設置許可取消訴訟最高裁判決（一九九二年一〇月二九日）、福島第二原発1号炉設置許可取消訴訟最高裁判決（一九九二年一〇月二九日）が出されています。最高裁がこれら判決によって、国の推進政策や安全対策の現状に事実上お墨付きを与えてしまったことが全交流電源喪失対策規制の先送りをもたらしたと言うことができるのです。六・一七最判多数意見が福島原発事故の国の責任を看過したことは、再び同じ過ちを繰り返しかねません。

（3）シビアアクシデント対策の欠如と先送り

全交流電源喪失対策規制の先送りと同様に、福島原発事故をもたらした、事故を深刻化させた要因として、シビアアクシデント（SA）対策の実施が作為的に先送りされてきたことがあります。

国際原子力機関は多重防護（深層防護）を次の五層に定めています。

第一層「異常運転及び故障の防止」
第二層「異常運転及び故障の検出と制御」
第三層「設計基準内への事故の制御」――閉じ込める
第四層「事故の影響を緩和する」――格納機能の確保
第五層「放射性物質放出による放射線影響の緩和」――避難

しかし、日本の安全規制は三層の「閉じ込める」までしか想定していませんでした。原子力安全委員会には、シビアアクシデントに対応した審査指針はなかったのです。「シビアアクシデントは起きないことになっていた」（前掲『証言　斑目春樹』一八八頁）からです。

しかも想定されるシビアアクシデント対策から地震・津波は除外されていました。

国会事故調報告書（九三－一一二頁）が図表を駆使して詳述していますが、日本のシビアアクシデント対策には、以下のような重大な欠陥がありました。①シビアアクシデント対策を安全規制の対象とせず、電力会社の自主対策で済ませたこと、②そのため、「自主対策では、規制要件上の工学的安全設備のように高い信頼性が、SA対策設備に求められない」から、「耐力が低く」、「実効性の乏しい対策となっていた」（九三頁）、③地震・津波などの外的要因を除外してよいとしたこと、④テロなどの人為的事象を想定していないこと、⑤単一故障のみを想定し、複数の機器の同時故障の可能性をきわめて低いとしたこと、⑥事象ごとのパッチワーク的対策に終始してきたこと、⑦シビアアクシデント対策の検討過程で重視されたのは、訴訟リスクを高めないこととバックフィットによる既設炉の稼働率に対して影響が出ないことでした。⑧外部事象の確率的安全評価の導入にともなう安全規制は、二〇一二三年頃に本格化させる予定でした。二〇一二三年は、福島原発事故の一二年後です。事故は、シビアアクシデント対策の先送りを待ちはしませんでした。

シビアアクシデントへの対応を検討した時期が少なくとも二回あったことが知られています。

一回目は、スリーマイル原発事故（一九七九年）、チェルノブイリ原発事故（一九八六年）を背景に、国際原子力機関が一九八八年に出した「原子力発電のための基本安全原則」の勧告を受けた一九九一

〜九二年の時点です。一九九二年五月、原子力安全委員会は「発電用軽水型原子炉施設におけるシビアアクシデント対策としてのアクシデントマネジメントについて」を決定しました。この文書は、日本では「過酷事故が発生する可能性は極めて小さく、アクシデントマネジメントも事業者の自主的な取り組みとすれば事足りる」としたのです（畑村ほか『福島原発事故はなぜ起こったか』八九頁）。この決定を受けて、通産省は、「アクシデントマネジメントの今後の進め方について」を取りまとめ、同時に「原子力発電所内におけるアクシデントマネジメントの整備について」という公益事業部長通達を出しました。このため、電気事業者によるアクシデントマネジメントは、内的事象の故障やヒューマンエラー対策のみが推進され、「電気事業者とのすり合わせの中で、外的事象の検討は先送りされることとなった」（前掲『福島原発事故はなぜ起こったか』九二頁）のです。

電気事業者とのすり合わせの中で、外的事象の検討が先送りされたことは、全電源喪失の可能性の検討を排除した経緯とパラレルであり、日本の安全規制の空洞化の作為性を示すものです。

二回目は、国際原子力機関から二〇〇七年の総合規制評価（ＩＲＲＳ）で、シビアアクシデント対策（以下、ＳＡ対策と略す）を求められた折です。しかし今回もまた、ＳＡ対策規制化に、原子力安全委員会も、原子力安全・保安院トップも消極的でした。国会事故調査報告書は、寺坂信昭保安院長・平岡英治次長らと電事連を代表して会談に臨んだ武黒一郎東電副社長らの二〇一〇年の意見交換記録（電事連資料）を引用し、下記の寺坂信昭保安院長の発言を「規制当局のトップでありながら、事業者の『虜』となってしまっている保安院長の様子がよくわかる」と指弾しています。

「事業者の立場や事実関係は承知している。現実に既存炉が到達できないことを要求するつもりはない。お互い、訴訟リスクを考慮に入れて慎重に考えていきたい。基本は、耐震指針改定のときと同じように対応できればいいと思っている。耐震指針のときもかなり心配したが、結果的に、既存炉を評価結果が出るまで止めておくべきだという人はあまり出てこなかった。耐震は裕度的な説明だから、それなりに納得感、説得感があったが、SAは違うかもしれない。出し方を誤ると、そもそも、できていないんでしょ、というようなところから始まる話なので、不用意に出て行くと反撃をくらうリスクありと思っている。出し方については安全委員会とも話をしているが、既存炉についてリスクがあると思っている。」

結びとして、次のようにコメントしています。

「悩みどころは一致していると感じた。……年明けから公式な検討会を設置するかもしれない。その前に、お互いに着地点を見いだしたい」（前掲『国会事故調報告書』四七七頁）。

このように規制当局も原子力安全規制強化の任務を破棄し、電気事業者とともに、訴訟リスクや既存炉への影響を最優先で考えていました。武黒一郎東電副社長らの二〇一〇年の意見交換記録（電事連資料）に示された寺坂信昭保安院長の発言には、原子力安全・保安院と東京電力、電事連、原子力安全委員会との馴れ合い、規制当局トップのきわめて重大な作為性が端的に示されています。「反撃をくらうリスク」「既存炉についてリスクがある」との発言に示されたリスクは安全性にかかわるリスクではなくて、訴訟リスクや稼働率低下のリスクを指しています。シビアアクシデント対策の検討にあたって、福島原発事故の直前まで規制当局トップの念頭を支配していたのは、このようなリスクであったのです。

（4）テロ対策の欠如

二〇〇一年の九・一一同時多発テロをきっかけにアメリカでは、テロリストがジャンボジェット機に燃料を満タンにして原子炉にぶつかってきたらどうするか、という想定をもとに、アメリカ原子力規制委員会は「B・5・b」と呼ばれる特別な対応を国内の原子力発電所に義務付けました。「B・5・b」と呼ばれるのは、アメリカ原子力規制委員会のテロ対策命令書に添付された文書2のB5条b項に具体的な防護措置が記載されているからです。二〇〇六年および〇八年、原子力安全・保安院の審議官クラスと原子力安全基盤機構からなる調査団が二回訪米し、アメリカ原子力規制委員会から説明を受けました。しかし説明を受けた調査団は、テロ対策をSA対策と結び付けて考えることができず、この情報を原子力安全委員会や電力会社に伝えることもしませんでした（黒川清『規制の虜』一八三頁）。

（5）SA対策規制による東電側対応の進展可能性

SA対策規制が行われていれば、福島第一原発で、どのような改善が図られていたでしょうか。

①電源喪失対策の改善

福島第一原発では、複数の原子炉施設が同時に故障・損壊し、隣接の原子炉施設から電源融通を受けられない事態となった場合の対処方針は、検討されていませんでした。しかも配電盤の配置の分散化・多様化が図られていなかったのです。「『多様化』とは、設備の種類、駆動源および設置場所などについて異なる複数の設備を準備することによって、安全を確保しようとする考え方である。」(前掲『福島原発事故はなぜ起こったか』七八頁)。1〜4号機では、主に地下一階に置かれていた高圧配電盤(M/C)のすべてと多くの低圧配電盤(P/C)が水没して機能を失いました。「もし配電盤が無事であったならば、生き残った二台の非常用D/G(ディーゼル発動機――引用者)から全号機への必要最小限の給電は行われ、事故は炉心損傷には至らない軽微なもので済んだ可能性が高い」という評価がありま す(前掲『福島原発事故はなぜ起こったか』五一頁)。

②直流電源喪失への対応

直流電源の喪失は、「各プラントの制御・計測機能の不全を招き、事故対応への〝致命的な〟要因となりました。1号機の非常用復水器がフェールセーフ機能で停止したことも、直流電源の喪失が直接の原因である」と評価されています(前掲『福島原発事故はなぜ起こったか』七八‐七九頁)。

③建物の水密化

最高裁判決三浦反対意見が述べていますが、水密化は早期に、重要度の高い箇所から選択的に部分的にも実施可能であり、相対的に低コストです。ＳＡ対策が義務付けられていたら、早期に実施されていた可能性が高い対策です。事業者の自主対策のままとされてきたことが、東電による水密化のサボタージュをもたらしたのです。

④「Ｂ・５・ｂ」対策の実施

Ｂ・５・ｂでは、フェーズ１～３として以下の具体的な対応が求められています。

「【フェーズ１】使用済み燃料プールにおける燃料配置について、崩壊熱の高い新しい使用済み燃料と、古い使用済み燃料の配置を市松模様状に配置する。

【フェーズ２】使用済み燃料プールへの電源を必要としない外部注水、及びスプレイラインを敷設する。

【フェーズ３】原子炉隔離時冷却系（ＲＣＩＣ）が直流電源の喪失によって使用不能となった場合には、現場でマニュアル操作により起動する」（前掲『国会事故調報告書』一二〇頁）。

福島原発事故でアメリカ側がもっとも懸念していたのは、定期点検のため原子炉が稼働していなかった4号機でした。同機内の使用済み燃料貯蔵プールに、原子炉二体分の大量の使用済み燃料が貯蔵されており、全電源喪失のためにこれが冷却できなくなったことにより、使用済み燃料の崩壊熱によって冷却水が失われ、貯蔵プールが空だき状態になり、高温の使用済み燃料がコンクリートに直接触れて、コンクリートを溶かし始めることを懸念したからです。フェーズ１・２の対応がなされていれば、このような怖れは軽減されたはずです。

もっとも重要なことは、これらの対応策が実施されることによって、仮に三月一一日の事故の発生を完全に防止できなかったにせよ、環境への大量の放射性物質の排出という過酷な事態を軽減させえた可能性が高いことです。

裁判所が、東電福島原発事故に関する国の責任を判断するにあたっては、政府事故調報告書、国会事故調報告書の結論である、全交流電源喪失対策規制とシビアアクシデント対策の意図的・作為的な先送りが福島原発事故をもたらし、事故を深刻化させた要因であるという基本的事実から出発する必要があります。

〈**参考文献**〉

・ＮＨＫメルトダウン取材班『福島第一原発事故の「真実」』講談社、二〇二一年。
・黒川清『規制の虜』講談社、二〇一六年。
・長谷川公一『脱原子力社会へ』岩波新書、二〇一一年。
・畑村洋太郎・安部誠治・淵上正朗『福島原発事故はなぜ起こったか』講談社、二〇一三年。
・斑目春樹『証言　斑目春樹』新潮社、二〇一二年。

コラム

「ALPS処理水」海洋放出と福島第一原発事故の発生者（加害者）責任

二〇二三年八月、福島第一原発で発生し続けている「汚染水」を、「多核種除去設備」（ALPS）等で浄化処理し、トリチウム以外の放射性物質を規制基準値以下まで取り除いた（とされる）「ALPS処理水」の海洋放出が開始されました。

日本政府は、二〇二一年四月に海洋放出の方針を決定しました。その際、「処理水」処分の必要性について、「今後、燃料デブリ取り出しなどには大きなスペースが必要」であり、「タンク等が敷地を大きく占有する現状を見直さなければ、今後の廃炉に支障」があると説明していました。しかし、このような理由で「処理水」海洋放出を正当化することはできません。

政府は、放出される「処理水」のトリチウム濃度（一五〇〇ベクレル／リットル）が、法令の基準の四〇分の一であり、放出されるトリチウムの年間総量（二二兆ベクレル）が、福島第一原発での事故前の通常の運転による放出管理目標値と同じに設定されていること、国内の加圧水型原発や、海外の原発や再処理工場の運転時に放出されるトリチウムの量に比べて少ないので、海洋放出は社会的に許容されて当然だという姿勢です。

実際に放出が開始された「処理水」は、トリチウム濃度が一四万ベクレル／リットルです。トリチウム以外の放射性核種も（規制基準以下だとされますが）含まれています。大量の海水で希釈するとしても、これは放射性廃棄物の海洋投棄です。福島第一原発事故を発生させ、大量の放射能を環境に放出したこと自体、東京電力および日本政府の責任は極めて重大です。事故直後の混乱の中で環境に放出してしまった放射能ならいざ知らず、事故後、一〇年以上にわたりタンクで保管してきた汚染水を（ALPS等で処理するとしても）、「敷地の余裕がない」といった理由で海に流そうとするのは、責任放棄という他ありません。

少なくとも場所さえ確保すれば、汚染水の保管を継続することに技術的な問題はありません。モルタル固化など、より安定的な処分方法も提案されています。トリチウムの半減期は一二・三年であり、二五年間、保管を継続すれば、放射能は四分の一に減衰します。日本政府は、福島第一原発事故による地球規模の環境汚染の加害者です。現状、タンクで保管されている汚染水の総量は約一三四万トンですが、汚染水がここまで増加してしまったこと自体、東京電力と日本政府の事故処理対応のまずさが原因です。汚染水タンクの敷地を確保すること、数十年程度、陸上での管理を続けることは、福島原発事故を起こした東京電力および日本政府として、当然、果たすべき最低限の社会的責任だと思います。東京電力には福島第二原発の敷地もあります。政府として他の敷地を確保するような努力も行われていません。政府が取り組んでいるのは、海洋放出ありきの「風評」対策ばかりです。海洋放出を回避するためにできること、やるべきことを、東京電力も日本政府も、まったくやっていないのです。

現在の福島第一原発は、原子力産業にとって、事故処理・廃炉に関わる新たなビジネスの開発拠点となっています。技術的にも社会的にも問題の多いデブリ取り出しを進めようとすることも、「処理水」のリスクを無視し、希釈して海に流そうとすることも、まさに原子力産業の論理です。市民社会として、断固として拒否していくべきものだと考えます。

菅波 完（高木仁三郎市民科学基金　事務局長）

第8章

最高裁判決と「原発回帰」政策

大島堅一

はじめに――脱炭素、能登半島地震と原発

二〇二三年五月にGX推進法とGX脱炭素電源法が国会で可決成立しました。これらは、単独の法律ではなく複数の法律からなっています。GXとは「グリーントランスフォーメーション」(和製英語)の略称で、「産業革命以来の化石燃料中心の経済・社会、産業構造をクリーンエネルギーに移行させ、経済社会システム全体の変革」のことだと政府はいいます。確かに、世界は、産業革命以来、石油、石炭、天然ガス等の化石燃料利用中心の経済社会になっていました。その結果、CO_2等の温室効果ガスの排出量が増加し、気候変動問題が深刻な課題になっています。

二〇一五年に成立した国際条約、パリ協定により、世界の平均気温の上昇幅を工業化以前から二度高い水準を十分に下回るものに抑えること(二度目標)、さらに進んで一・五度高い水準に制限するための努力を続けること(一・五度目標)が求められるようになりました。気候変動問題について科学的知見が集約されている最新のIPCC報告書(第六次評価報告書)によれば、二〇五〇年までのできるだけ早い時期に世界の温室効果ガスの排出をゼロにする必要があります。この排出ゼロのことをCO_2をださないという意味で「カーボンニュートラル」といいます。今や、このカーボンニュートラルが、今世紀前半の最も重要な世界的目標の一つになっています。

二〇五〇年にカーボンニュートラルを達成することを日本政府として目指すことを公的に表明した

のは二〇二〇年でした。同年一〇月に菅義偉首相（当時）が二〇五〇年までにカーボンニュートラル達成を国会で表明しました。にもかかわらず、いまだに日本は石炭火力発電を廃止しようとせず、産業に対して排出削減義務を課さず、炭素税や排出量取引といった施策も採られていません。温室効果ガスを排出しないクリーンエネルギー＝再生可能エネルギーへ一刻も早く移行しなければなりません。

とはいえ、気候変動問題だけが環境問題ではありません。エネルギー利用に関して忘れてはならないのは、二〇一一年におきた東京電力福島第一原子力発電所事故（以下、福島原発事故と略す）です。福島原発事故によって大量の放射性物質が放出され、原発敷地内外で深刻な放射能汚染がもたらされました。事故直後、二〇万人を超える人々が避難したと考えられています。

福島原発事故のきっかけをつくった東日本大震災のような自然現象は、人間の予想をこえて起きます。二〇二四年一月一日に起きた石川県珠洲市を震源とする能登半島地震では、四メートルにおよぶ海岸隆起がみられました。このような隆起に原発は耐えられません。震源となった珠洲市は、かつて関西電力、中部電力、北陸電力が大規模原発の開発を進めていた地域です。地域住民の粘り強い反対もあって、二〇〇三年に電力会社は開発を凍結しました。二〇一一年の福島原発事故後は、事実上断念に追い込まれていました。珠洲市の地域住民の方々が原発の危険性に気づき、原発開発を中止に向けて粘り強い運動を展開したことが、原発事故を未然に防ぎました。

能登半島にある志賀原発１、２号機も、幸い、深刻な事故に至りませんでした。志賀原発が二〇一一年以来停止しているためです。とはいえ能登半島地震は改めて原発の危険性を浮き彫りにしました。

志賀原発では想定外に変圧器が故障し、油が大量に漏れ、外部電源の一部が使えなくなりました。一方、能登半島一帯で道路が寸断し、家屋が倒壊しました。原発事故が発生すれば、住民は屋内退避や避難が必要になります。ところが、屋内退避も避難もできないことが事実として判明しました。事故時に退避や避難ができないことは、原発の安全にとって必須の「深層防護」(多重防護)が確保されていないことを意味しています。福島原発事故後も原発の安全性は確保されていません。

政府は、GX政策という分かりにくい名前を付けて、実質的に原発を推進しようとしています。「クリーンエネルギー」に原子力発電を含めること自体、非常識としかいいようがありません。しかも「クリーンエネルギー」には、水素・アンモニアの混焼火力発電やCCS付き火力(CO_2を回収・貯留する設備を付けた火力発電所。現時点では世界的にみても存在していない)も含まれています。これらには抜け穴があり、実質的に火力発電を延命させてしまうのです。

政府のいうGX政策や「クリーンエネルギー」推進には、原子力発電や火力発電の推進を含まれています。本当に効果的に気候変動対策を進めるためには、GX政策を撤回させる必要があります。以下では、原子力政策に焦点をあてて国の進めるGX推進(=脱炭素電源政策)の問題点について述べていきます。

1　六・一七最高裁判決がきっかけとなった原子力政策の転換

ＧＸ政策は、ＧＸ実行会議でつくられました。ＧＸ実行会議は、事実上、原子力政策を変更することに第一目標がありました。これがわかるのが二〇二二年八月二四日に開催された第二回ＧＸ実行会議における岸田文雄首相の発言です。岸田首相は、原子力を「ＧＸを進める上で不可欠な脱炭素エネルギー」であると述べました。そのうえで、「将来にわたる選択肢として強化するための制度的な枠組、国民理解を更に進めるための関係者の尽力の在り方など、あらゆる方策について、年末に具体的な結論を出」すとしました。具体的には、原発の「再稼働」、「運転期間の延長」、「次世代革新炉の開発・建設」を進めるというのです。

福島原発事故後の二〇一二年九月に、当時の民主党政権は、「原発に依存しない社会」（＝原発ゼロ社会）の実現を関係閣僚会議（エネルギー・環境会議）で定めました。その後、民主党政権から自公政権（＝安倍政権）に移ったときに、最初に否定したのが原発ゼロ社会でした。とはいえ、原発ゼロを求める国民の声が強かったため、安倍政権ですら原子力推進を方針化せず、原発依存度をできる限り低減するという方針を示していました。ただし、安倍政権は二〇三〇年に原発依存度（発電量にしめる原子力発電の割合）を二〇～二二％にするとしていましたから、原発ゼロ社会を目指していたわけではありません。

表　2023年3月までの自公政権の原子力政策

①	原子力規制委員会によって安全性が確認された原発の再稼働を進める。
②	原発は新たに建設しない。
③	原子炉等規制法に基づき、原発所の運転期間を運転開始後40年とする。
④	原子力規制委員会の許可を得て、最大20年の運転期間の延長を1回に限り認める。

ＧＸ実行会議が開催されるまで、政府は、表に示すような政策をとっていました。これは、二〇二二年六月一七日の最高裁判決（福島原発事故の被害者が提訴した生業訴訟、群馬訴訟、千葉訴訟、愛媛訴訟の四つの訴訟での国の責任を認めないとする判決）までは岸田政権でも引き継がれていました。

このことは国会での政府答弁からわかります。例えば、二〇二二年五月一二日の参議院経済産業委員会において、原発の運転期間の「四〇年ルール」と原発の新設・建て替え（リプレース）について、日本維新の会の石井章議員が質問した際、萩生田光一経済産業大臣は「原子力発電所の運転期間に係る安全規制上のルールにおきましては、運転することができる期間を四十年とし、一回に限り最大二十年の運転延長を可能としている」、「新増設、リプレースにつきましては現時点では想定していないというのが政府の方針であります」と述べ、政府が福島原発事故後の方針を堅持していることを表明していました。二〇二二年六月一七日の最高裁判決が岸田政権の原子力政策転換をもたらしたことは明らかです。

2 国民的議論のないまま進められたGX推進法、GX脱炭素電源法の成立

GX実行会議での岸田首相の指示を受けて、政府内部では原子力政策転換の方針が具体化されていきました。その場になったのは、総合資源エネルギー調査会基本政策分科会原子力小委員会（以下、原子力小委）です。原子力小委が実質的に審議を始めたのは二〇二二年九月二二日（第三一回原子力小委）でした。その後、一〇月一三日、一一月八日、一一月二八日の三回の会合を経て、一二月八日の原子力小委で原子力政策の具体的内容を記した政策文書「今後の原子力政策の方向性と実現に向けた行動指針（案）」（以下、行動指針案）がとりまとめられてしまいます。行動指針案は、二〇二二年一二月一六日に基本政策分科会で了承されました。さらに一週間後の二〇二二年一二月二二日、第五回GX実行会議で原子力政策の転換を目玉とする「GX実現に向けた基本方針（案）―今後一〇年を見据えたロードマップ」（以下、GX基本方針案と略す）が作られました。GX基本方針案では次期通常国会で関連法案を提出することも書かれていました。

以上のように、原子力政策転換に関する実質的審議期間は三ヶ月程度しかありませんでした。国民が気づかないうちに、いつのまにか国の政策が原子力推進へと変わってしまいました。

GX基本方針案に関する意見公募はすぐに開始されました。国民の多くが知らないまま年末、年始を挟んで一ヶ月で公募期間は終了してしまいました。説明・意見交換会が開催されたものの、資源エ

ネルギー庁のウェブサイトに案内が掲示されたのは二〇二三年一月一〇日になってからでした。直近の開催日（二〇二三年一月一九日、名古屋会場）までに九日しかありません。開催地についても東京や原発事故被災地である福島は指定されませんでした。しかも説明・意見交換会開催期間中に意見公募が終了してしまったのです。政府は、国民の意見を真摯に聞くつもりがありませんでした。

こうして、国民参加の機会がほとんど設けられないまま、政府は、二〇二三年二月一〇日にGX基本方針と「脱炭素成長経済構造への円滑な移行の推進に関する法律案」（GX推進法案）を、同年二月二八日に「脱炭素社会の実現に向けた電気供給体制の確立を図るための電気事業法等の一部を改正する法律案」（GX脱炭素電源法案）を閣議決定し、国会に提出しました。八月末に原発政策転換の方針が岸田首相によって示されてから僅か半年後の出来事でした。

GX推進法もGX脱炭素電源法も、既存の法律の改正が数多く含まれていました。内容からすれば、一つ一つの法律を慎重に審議すべきところです。ところが、GX推進法、GX脱炭素電源法はいずれも二〇二三年五月に可決成立してしまいました。長期にわたって国民生活を制約するものであるにもかかわらず、国会でも審議らしい審議がされないまま法律が成立したのは異常と言うほかありません。

3　GX推進法による原子力開発推進

（1）原子力投資の推進

GX推進法の枠組みは、次の三つからなります。①政府が今後一〇年間で二〇兆円規模のGX経済移行債を発行し、これを原資に補助金や債務保証を企業に提供します。②GX経済移行債は化石燃料賦課金・特定事業者負担金（有償の排出量取引）によって二〇五〇年までに償還します。③GX推進機構を設立し、化石燃料賦課金（二〇二八年度より開始）・特定事業者負担金制度（二〇三三年度開始）を実施させます。

まず化石燃料賦課金について述べます。化石燃料賦課金は、二〇二八～二〇五〇年の間に実施されるとされています。これはカーボンプライシングの一種とされています。カーボンプライシングとは、CO_2の排出に対してお金がかかる仕組みのことです。ただし、今回の化石燃料賦課金は炭素税ではありません。租税として位置付いていないからです。

炭素「税」とされていないため、いくつかの問題が生じます。

まず、料率が経済産業省の認可法人であるGX推進機構によって決定されてしまいます。裏を返せば、国民に広く負担をもとめる仕組みであるにもかかわらず、税金でないため国会が直接関与できなくなるのです。

使い道も問題です。炭素税であれば、その税収の使い道を国会できめることができます。例えば、税収分を社会保険料引き下げの財源にすることも可能です。そうすれば、環境に悪い影響を及ぼす活動（CO_2を排出する活動）に課税する一方で、その税収をつかって国民の福祉を向上させるという二重の効果を得ることもできます。そうすれば、社会全体としては増税にならないまま、CO_2の削減と福祉の向上という二つの利益が生み出されるわけです。このような効果を「二重の配当」ともいい、諸外国ではこのような措置がとられています。

化石燃料賦課金収入は、産業への投資を補助する資金として用いられることになっています。その対象には、原子力が含まれています。

（2）実現性に乏しい原子力開発目標

ＧＸ推進法における原子力への資金支援の枠組みは次のようになっています。政府によれば、脱炭素社会に転換するために必要な投資額は官民合わせて総額一五〇兆円です。このうち、政府は、民間で投資が行われにくい分野に補助金や債務保証を二〇兆円提供するといいます。原子力に対しては一〇年間で一兆円の資金が投入されるとのことです。原子力分野では、「革新軽水炉」（商用炉）、小型軽水炉（実証炉）、高速炉（実証炉）、高温ガス炉（実証炉）、核融合（原型炉）の五つの分野で実施されます。

ここで注意は、実験炉、原型炉、実証炉、商用炉の意味です。実験炉とは一定期間核反応を継続させることを実証するためのものです。原型炉は、核反応に加え発電が可能であることを示す原子炉です。実証炉は、発電の経済性を実証するものです。こうして三つの段階を経て、原子炉は、民間企業が利用しうる商用炉になります。

では、政府が言うように開発は進むのでしょうか。答えはノーです。政府は原子力開発段階を過大評価しています。小型軽水炉、高速炉、高温ガス炉は「実証炉」として開発されるかのように政府は述べています。しかし、現実には、それらの技術では原型炉すらありません。例えば、二〇二九年から製作・建設されるかのように描かれている高温ガス炉は試験研究炉段階にあり、現時点で原型炉がありません。核融合炉にいたっては世界的にみて実験炉すらありません。核融合反応を長時間継続して維持したこともないのです。政府は核融合原型炉が二〇三〇年から製作・建設されるとしています。しかし、これは絵に描いた餅にすぎません。

商用炉として開発する革新軽水炉も、世界各国の開発動向からすれば難しい状況です。ＥＰＲ（欧州加圧水型炉）は、建設期間の遅延と建設コスト増加に直面しています。例えば、フランスのフラマンビル原発３号機（電気出力一六五万ｋＷ）は、建設費三三億ユーロの予定で二〇〇七年に建設が開始され、二〇一二年に運転開始の予定でした。ところが、建設は遅延し、本章執筆時点（二〇二四年一月）で運転開始時期二〇二四年、総コスト一三二・六億ユーロ（約二兆一〇〇〇億円、当初の四倍以上）になるといいます。

これらからすれば、政府の言う「次世代革新炉」の開発・建設も実現性がありません。さらに、小型軽水炉、高速炉、高温ガス炉、核融合炉は、仮に成功したとしても商用炉ではありません。実際に電気を供給するためには商用炉が必要です。しかし、そのためにはさらに年月と多額の費用がかかります。原型炉として建設するのに一〇年、運転三〇～四〇年の後に、さらに実証炉を建設し、経済性を実証しなければなりません。そのためには何十年もの月日が必要です。二〇五〇年にはカーボンニュートラルが達成されなければなりません。どんなに成功したとしても、原子力は二〇五〇年に間に合いません。

そもそも、日本政府は、これまでに原子力開発に成功したことがありません。一九五七年以来、政府は、プルトニウム利用を進めるために、高速炉の一種である高速増殖炉を開発してきました。もんじゅは、一九八五年一〇月に建設開始、一九九五年八月に発電開始したものの、同年一二月八日に二次系主冷却系ナトリウム漏洩事故が起き、運転を停止し、その後もトラブル続きで運転再開にいたらず二〇一七年六月一三日に廃炉が決まりました。建設等に要した費用約五九〇八億円、保守管理費用約四三八三億円、人件費約五九〇億円、固定資産税約四三三億円の総支出額約一兆一三一四億円をかけたにもかかわらず、初期の目標を達成しないまま失敗に終わりました。今後、廃炉には三〇年の年月と少なくとも三七五〇億円（人件費、固定資産税を含まない）の費用を要します。

今回も、政府が示した計画は、まず間違いなく失敗に終わるでしょう。その結果、多額の費用と労力、長い年月が無駄になります。政策資源（資金や人員）が限られている以上、原子力開発を進めれば、その分だけ再生可能エネルギーや省エネルギーの促進が妨げられてしまいます。原発によるカーボンニュートラルは不可能です。

4 GX脱炭素電源法による原子力産業の救済

GX脱炭素電源法は五つの法律（原子力基本法、電気事業法、核原料物質、核燃料物質及び原子炉の規制に関する法律、原子力発電における使用済燃料の再処理等の実施に関する法律、再生可能エネルギー電気の利用の促進に関する特別措置法〈以下、FIT法と略す〉）を束ねたものです。その内容は、FIT法を除いて、原子力政策を根本から転換することを目的としています。ここでは、原子力基本法改正の問題点について述べます。

原子力基本法は、もともと原子力利用に関する基本原則を定めるものです。改正以前は、具体的政策や規制の内容を定めるものではありませんでした。決められていたことは、原子力利用が平和目的に限られるということ、「民主、自主、公開」の三原則に基づいて開発すること等が定められていました。

ところが、二〇二三年の改正で、原子力基本法の性格は一変します。主に次の四点が付け加えられました。

第一に、第一条（目的）で「地球温暖化の防止」が追加されました。「地球温暖化の防止」はすでにエネルギー政策基本法第三条で定められており、原子力基本法に加える必要は特にありません。また、地球温暖化防止の本命である再生可能エネルギーについては、再エネ電気のFIT法にそのような定めはありません。原子力のみ「地球温暖化の防止」が強調されているのは、原発を「脱炭素電源」として推進するためにすぎません。

第二に、第二条の二（国の責務）で、「国は、エネルギーとしての原子力利用に当たつては、原子力発電を電源の選択肢の一つとして活用すること」によって「電気の安定供給の確保、我が国における脱炭素社会……の実現」を目指すこと、さらに「発電事業における非化石エネルギー源……の利用の促進及びエネルギーの供給に係る自律性の向上」のために、「必要な措置を講ずる」としました。

わかりにくい表現ではあるものの、この規定には多くの問題が含まれています。まず、原発を「活用」することを法律で定めてしまっています。「活用」というと、良いことのように感じるかもしれませんが、原発については反対の世論が根強いのが現実です。世論を無視して、まず原発ありきになっている点は大変問題です。さらに、「電気の安定供給」や「脱炭素社会の実現」は確かに重要な課題ではあるものの、原発がなければ達成できないというものではありません。むしろ、原発とは直接関係のないことです。

実際、安定供給面でみても、福島原発事故によって東日本における原発（柏崎刈羽原発、東通原発、女川原発、福島第一、第二原発）は全て運転できなくなり、首都圏で大規模な計画停電が実施されました。この現実が示しているのは、原子力が自然災害に脆弱であり、電気の安定供給というよりは、むしろ原発が極端な電力供給の不安定さをもたらしたということです。

脱炭素社会の構築という点でみても、原子力発電が国レベルでの温室効果ガス排出削減に貢献しうるとは限りません。国際科学雑誌Nature Energyに掲載された、イギリスのサセックス大学Sovacool教授らによる論文によれば、世界各国の原子力利用とCO_2排出量の関係を統計的に分析したところ、原子力利用を進めた国においてはCO_2排出量の削減がみられなかったといいます。つまり原子炉単体でCO_2を排出しないからといって、原子力発電が国全体でのCO_2排出量を減少させるとは言えません。したがって、原発は、国として推進すべき「脱炭素電源」といえません。

加えて、エネルギーの供給に係る「自律性」という点は意味不明です。原子力基本法の条文をみると、原子力発電が「自律性」を国に与えるものであるかのようです。「自律性」のことを、エネルギー供給の安定性のことと政府は考えたのかもしれません。しかし原発の燃料であるウラン資源もまた全て海外に依存しています。この事実からすれば、原子力発電が日本全体に「自律性」をもたらすものではありません。

第三に、第二条3で、原子力事故について記述が加えられました。条文をみると「エネルギーとしての原子力利用は、国及び原子力事業者……が安全神話に陥り、……福島第一原子力発電所の事故を防止することができなかったことを真摯に反省した上で、原子力事故の……発生を常に想定し、その防止に最善かつ最大の努力をしなければならないという認識に立つて、これを行うものとする」とあります。

原子力事故の原因が「安全神話」にあることは国会事故調査委員会報告書（二〇一二年）をはじめとする各種の報告書、論文で示されています。安全神話に陥ったことを反省するのは当然です。問題は、「安全神話」という言葉を介することで、福島原発事故の発生の責任についての国と事業者（東京電力）の責任を巧みに避けていることです。「安全神話」を否定するのであれば、原発を使い続ける限り、原発事故が起こる可能性があります。ところが、事故が発生したときの国や事業者の責任について、原子力基本法は何も定めていません。福島原発事故を起こした国・事業者の責任、原発を使うことによって起こりうる将来の原発事故に関する国や事業者の責任は、原子力基本法で当然定められなければなりませんでした。

原発事故の責任に関して原子力基本法で何の定めもないのは、二〇二二年六月一七日の最高裁判決の影響によるものでしょう。同判決に含まれていた三浦守裁判官の意見のような判決であれば、原子力基本法改正の際に、当然ながら国の責任が明記されていたはずです。将来起こりうる原発事故に関し、二〇二二年六月一七日の最高裁判決において多数意見を構成した最高裁判事（裁判長・菅野博之、裁判官・草野耕一、岡村和美）の責任は重大です。これらの最高裁裁判官は、国の無責任さにお墨付きを与え、国民を危険にさらしました。

第四に、第二条の三（原子力利用に関する基本的施策）で、国が講じる施策を、極めて詳細に定めています。それは、①「高度な技術の維持及び開発を促進」「人材の育成及び確保」、「必要な産業基盤を維持し、及び強化するための施策」、②「事業者」「日本原子力研究開発機構その他の関係者の相互の連携並びに当該研究及び開発に関する国際的な連携を強化するための施策」「当該研究及び開発の推進」「成果の円滑な実用化を図るための施策」、③原子力発電事業のための事業環境整備、④再処理、使用済燃料の貯蔵能力の増加その他の対策、廃止措置のための施策、⑤特定放射性廃棄物（高レベル放射性廃棄物、ＴＲＵ廃棄物）に関する国民理解促進のための施策など、多岐にわたります。総じて言えば、原子力発電がかかえる様々な課題解決に国が積極的に取り組むこと、原子力産業に最大限の援助を与えることを定めています。

これが最も現れているのは、第二条の三の三の次の条文です。「電気事業に係る制度の抜本的な改革が実施された状況においても、原子力事業者が原子力施設の安全性を確保するために必要な投資を行うことその他の安定的にその事業を行うことができる事業環境を整備するための施策」を国が講じなければならないというのです。

ここで「電気事業に係る制度の抜本的な改革が実施された状況」とは、今日実施されている電力自由化を含む電気事業のあらゆる改革を含むものです。つまり、どんな改革が実施されたとしても、事業者が自らの負担で行うべき安全対策を含め、原子力事業が今後半永久的に継続できるよう、国が「事業環境整備」を行うというのです。「事業環境整備」とは、原子力が存続できるよう、税や電気料金、託送料金（＝送電線使用料）を通じて、原子力事業を維持するための費用を国民に押しつける制度のことです。

このような規定が設けられたこともあって、経済産業省は「長期脱炭素電源オークション」の対象に原子力（新設、既設）を含めることを定め、二〇二四年春から実施するとしています。この仕組みによって、オークションで落札した原発には、発電していてもしていなくても二〇年間資金が供給されることになります。一〇〇万kW原発であれば、最大年間一〇〇〇億円です。そのために必要となる資金は電気料金を通じて国民負担となります。これによって、原発電気を使っていない消費者も、原発を維持するための費用を負担させられます。この制度を手始めに、GXの名の下で原子力産業救済策が一層強化される可能性があります。

まとめ

電気は、人間が生活するうえで必要です。原子力発電は、その電気を生み出す発電方式の一つです。しかし、電気は原子力発電のみによってしか生み出されるものではありません。社会や環境に重大な打撃を与える発電方式は社会的に許されません。福島原発事故によって、このことが明確になりました。

政府は、福島原発事故を引き起こした自らの責任を認めていません。同時に、政府は、原発には絶対的な安全はなく、事故が将来起こりうるものであるとしています。さらに能登半島地震で、住民にとって最後の砦である避難すらできないことがわかりました。事故が起こりうるのに安全が確保されていません。にもかかわらず政府は責任をとりません。この無責任体制のもとで原子力開発が再び進められようとしています。

　原子力発電は、仮に運良く事故が起こらなかったとしても、原子炉開発に数十年、建設に一〇～二〇年、運転に四〇～六〇年、廃止（廃炉）に二〇～三〇年、合わせて一世紀を超える非常に長い年月が必要です。さらに、放射性廃棄物処分には一〇～一〇〇万年の時間がかかります。これほどまでに長期間、人類社会に負担と労力を強いる活動は原子力をおいて他にありません。

　すでに、再生可能エネルギーは、最も安く、かつ大量に得られる電源です。このような状況の下で、再び原子力発電を推進するのは時代錯誤です。国策としての原子力発電推進を一刻も早く止め、省エネルギーと再生可能エネルギーを主軸としたエネルギーシステムをつくるときにきています。


〈参考文献〉

・原子力市民委員会編『原発ゼロ社会への道　「無責任と不可視の構造」をこえて公正で開かれた社会へ』インプレスR＆D、二〇二二年。

第9章

「原発ムラ」と裁判

後藤秀典

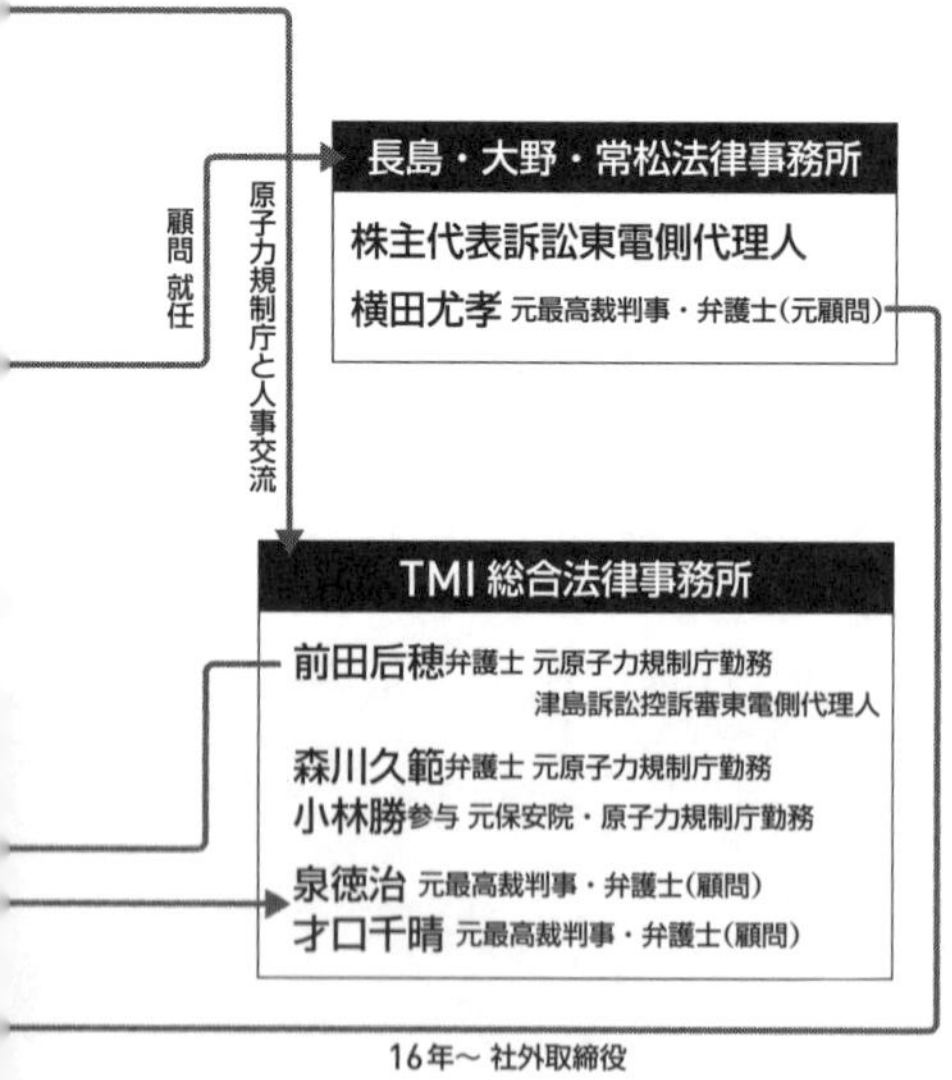

1 「国に責任はない」判決を書いた三人の裁判官

「巨人阪神戦で審判が巨人のユニホームを着ているような話だが、経産省の官僚や裁判官がみな東電のユニホームを身につけているのである。」（日刊ゲンダイ二〇二三年一〇月二九日）

これは評論家の佐高信さんが、原発訴訟をめぐる、裁判所、国、東電の関係を言い表した一文です。

二〇二二年六月一七日に判決が出された福島第一原発事故損害賠償訴訟を担当した最高裁の第二小法廷には、菅野博之裁判長、三浦守、草野耕一、岡村和美の四人の裁判官がいました。

本当は、第二小法廷には、最高裁判所長官が所属していますが、長官は小法廷の裁判には加わりません。この四人の裁判官の内、菅野裁判長、岡村判事、草野判事の三人が「国に責任はない」という多数意見を形成し、検事出身の三浦守判事のみ、「国に責任がある」という反対意見を出しました。

後ほど触れるいわき市民訴訟の判決と比

電力会社・最高裁・国・巨大法律事務所の人脈図

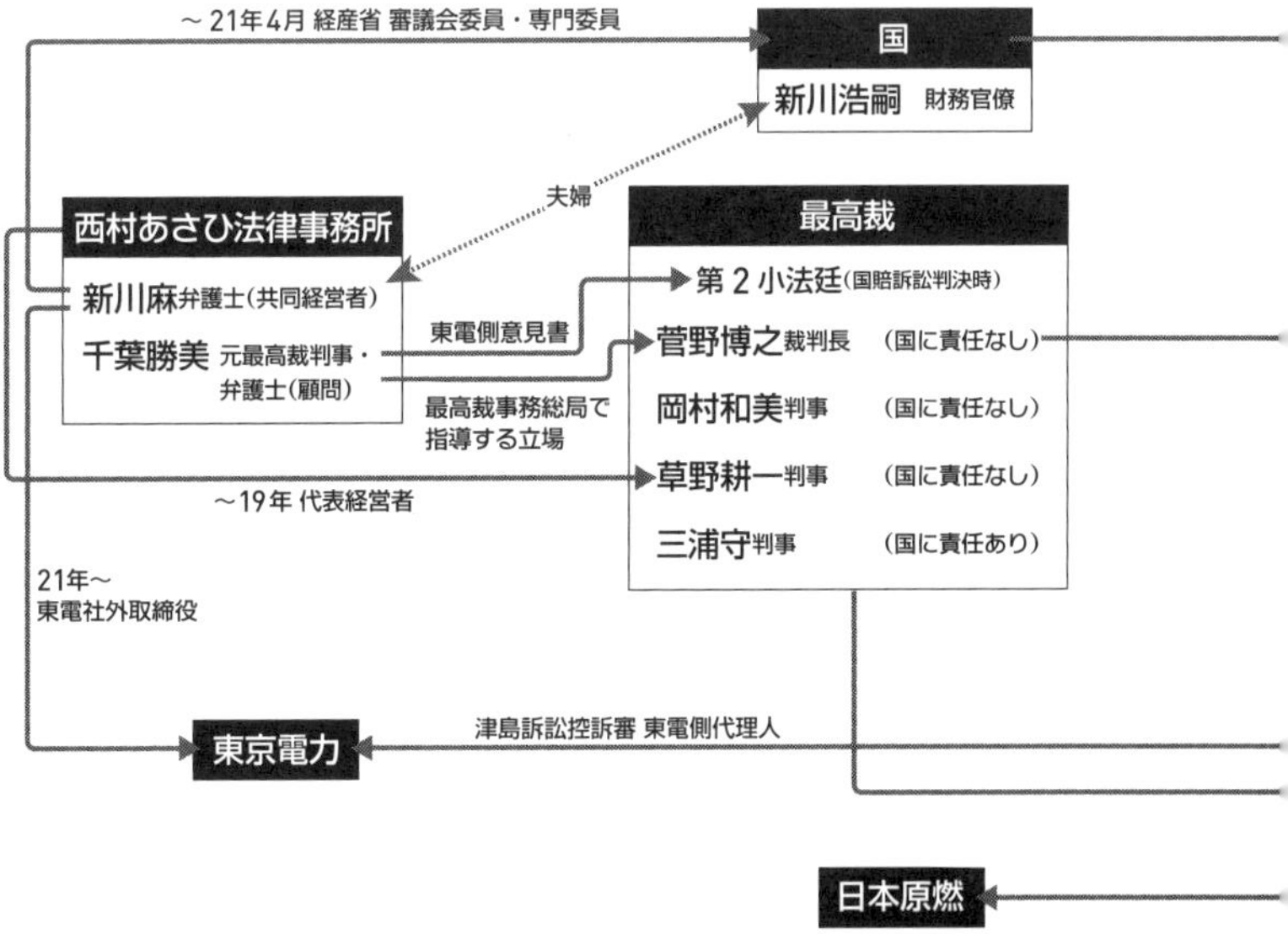

較するために一つだけ、判決の内容を紹介します。

「本件事件前の我が国における原子炉施設の津波対策は、防潮堤、防波堤等の構造物を設置すること〔が〕……対策の基本とされていた」

各高裁判決では、建屋の扉から水が入らないようにするなど「水密化」という津波対策が十分にあり得たことを事実として認めています。実際に、福島第一原発事故以前から国内外の原発で水密化対策は実施されていました。しかし、最高裁の多数意見は、それを否定しました。こんな判決を書いた三人の裁判官はどんな人たちなのでしょうか。図表を見ながら読んでいただければと思います。

2 「巨大法律事務所」長島・大野・常松法律事務所と最高裁の関係

(1) 菅野裁判長、判決二か月後には巨大法律事務所に

まず菅野裁判長と長島・大野・常松法律事務所の関係を見てみます。菅野裁判長は、二〇二二年六月一七日に判決を出した後、翌七月三日に定年退職しています。そして、その一か月後の八月三日に長島・大野・常松法律事務所の顧問になっています。日本には、五〇〇人以上の弁護士を抱える「五大法律事務所」と呼ばれる巨大法律事務所があります。長島・大野・常松法律事務所はその一つです。長島・大野・常松法律事務所所属の四人の弁護士は、東京電力株主代表訴訟で東京電力の代理人を務めています。この裁判で、東京地方裁判所は、福島第一原発事故が起きた当時、東電の役員だった四人に対し、一三兆円の損害賠償の支払いを命じました。この訴訟は東京高裁で争われています。

菅野裁判長は、今回「国に責任はない」と判決を下してから、二か月もたたないうちに、その裁判で国とともに被告であった東京電力の代理人が所属する法律事務所の顧問になったのです。菅野さんが顧問に就任したことについて、長島・大野・常松法律事務所のウェブサイトにはこう記されています。

「当事務所は、菅野弁護士の入所を機に、紛争解決業務の一層の強化をはかり、依頼者の皆様により

良いリーガルサービスを提供できるよう努めてまいる所存です」。

東京電力は「依頼者の皆様」の一つです。例えば官僚だったら、退職してすぐ、自分がかかわってきた当事者のところに、天下ることは、許されません。しかし、裁判官の天下りに関しては、「司法の独立」という名目で、法的な縛りはありません。

本書でも執筆している大井原発の差し止め判決を出した福井地裁の元裁判官、樋口英明さんは、裁判官だったころ、最高裁から再三こんなことを言われていたと言います。

「裁判官が『公正』であるのは当たり前。常に『公正らしく』あらねばならない。」

「公正らしさ」とは、誰から見られても公正さを疑われないということです。菅野裁判長が判決から、二か月もたたない内に東京電力の代理人を抱える法律事務所の顧問になったことは「公正らしく」見えるでしょうか。菅野元裁判官に質問状を送りましたが返事はありませんでした。

岡村判事は、一九八三年、弁護士になって最初に所属したのが、長島・大野・常松法律事務所（当時・長島・大野法律事務所）です。

（2）長島・大野・常松法律事務所と裁判所、国、原発企業とのつながり

長島・大野・常松法律事務所と裁判所、原子力関連企業、国とのつながりはこれだけではありません。

二〇一〇年から一四年まで最高裁判事だった横田尤孝さんは在任中、北陸電力志賀原子力発電所2

号機運転差止訴訟で住民側の上告を不受理とし、住民敗訴を決定づけました。福島第一原発事故前年の二〇一〇年のことです。横山さんは、最高裁判事を退職した後の二〇一五年から二〇年の間、長島・大野・常松法律事務所の顧問を務めました。二〇一六年には、日本原燃の社外取締役に就任しました。日本原燃は、青森県六ケ所村で核燃サイクル事業に取り組んでいる会社です。青森県の住民らにより、核燃サイクル各施設に対し事業許可などの行政処分の取り消しを求める訴訟が複数起こされています。これらの訴訟は、全て国を相手にする訴訟でした。しかし、二〇二一年、日本原燃は、自分たちにもかかわる問題であるとして、訴訟への参加を申し立てました。横田元最高裁判事は、こんな会社の現役の社外取締役なのです（二〇二四年一月現在）。

長島・大野・常松法律事務所は、複数の弁護士を最高裁の判事に送り出しています。最高裁第三小法廷の渡邉恵理子判事は、長島・大野・常松法律事務所の出身です。渡邉さんの前任の宮崎裕子元判事も長島・大野・常松法律事務所の出身でした。最高裁判事を退官した後は長島・大野・常松法律事務所に戻り、顧問を務めています。

このように長島・大野・常松法律事務所は、複数の弁護士を最高裁判事に送り出したり、退官した判事を迎え入れたりしているのです。

さらに長島大野法律事務所のウェブサイトにこんな記述があります。

「原子力プラント、……の建設にあたり、日本企業が国内外の企業との間でジョイントベンチャーを組成したり、プラントの建設や運営管理を受注することに関して、建設契約・ＥＰＣ契約、Ｏ＆Ｍ契約等の契約について交渉・助言を行った経験を数多く有しており……」

長島・大野・常松法律事務所は、原子力プラント建設に直接関与していることも認めているのです。

近年では、日本を代表する原発企業である東芝にリーガル・アドバイス（法的助言）などを行っています。東芝が買収したアメリカの原子力発電所開発・製造会社ウェスチングハウス社は、福島第一原発事故後、経営が悪化し、東芝の大きなお荷物になりした。やがて東芝の経営も悪化し、それを隠そうとした不正経理が発覚します。経営立て直しの過程で、外国の「もの言う株主」が介入したりしてきて、東芝の経営はガタガタになっていきます。そんな中、長島・大野・常松法律事務所は、東芝に対し、コンプライアンス有識者会議のメンバーになったり、リーガル・アドバイスをしたりしています。日本の大企業が出資する企業再生会社、日本産業パートナーズによる東芝の株式の買い取り（株式公開買付け・ＴＯＢ）の際にもリーガル・アドバイザーになっています。このＴＯＢが成立して、東芝の上場は廃止されました。長島・大野・常松法律事務所は、東芝が原子力事業で破綻し、上場を廃止されるまで、法的に支援してきたのです。

3 日本最大の法律事務所と裁判所、国のつながり

(1) 最高裁判事は日本最大の法律事務所の元経営者

次に、最高裁第二小法廷の判事と、西村あさひ法律事務所の関係を見ていきます。西村あさひ法律事務所には、八〇〇人以上の弁護士が所属しています（西村あさひ法律事務所ウェブサイトより）。日本の弁護士だけでなく、世界各国の弁護士も多く所属する、日本最大の法律事務所です。

第二小法廷の草野耕一判事は、西村あさひ法律事務所出身です。草野さんは、二〇〇四年に西村あさひ法律事務所（当時・西村ときわ法律事務所）の代表パートナーになり、最高裁判事となる二〇一九年まで務めています。代表パートナーとは、法律事務所の代表経営者のことです。つまり、草野さんは、最高裁判事になるまで一五年に渡り、日本で一番大きな法律事務所の代表経営者をしていたということです。

二〇二二年、東京電力は上告するにあたって、最高裁に対して意見書を提出しました。意見書の作成者は、元最高裁裁判所判事・弁護士千葉勝美となっています。千葉勝美さんは、二〇一六年八月に最高裁判事を定年退職し、一〇月には、西村あさひ法律事務所の顧問に就いています。

最高裁判事だった人が、個別の事件に意見書を出すことは、これまでタブーとされてきました。あ

まりにも影響力が大きすぎるからです。このタブーを破って千葉意見書は出されました。その内容は、画期的なものではありませんでした。東京電力は、被災者に対して、個別の事情がない限り、中間指針（国が定めた賠償指針）以上を払う必要はない。長期評価というのはいろんな見方ができるのだから、それを信用せず、対応を取らなくても事故の責任はない。自主避難者へは、これまで厳格に審査をせずに必要以上に賠償を払ってきたからこれ以上払う必要はない。中間指針以上に慰謝料を追加されたら、今までの賠償の仕組みが壊れて、大量な訴訟が起こされて日本の裁判所は機能しなくなる。これらは、従前から東京電力が、裁判で主張してきたことです。避難者訴訟、いわき市民訴訟で弁護団幹事長をしてきた米倉弁護士は、この意見書をこう評価します。

「千葉氏は、原子力の専門家ではありません。原発に関する裁判を経験したこともありません。千葉意見書が、意見書たる理由は、千葉氏が最高裁判事だったということだけです」

千葉勝美さんと、最高裁第二小法廷の関係は、これだけではありません。最高裁には事務総局という、実質的に日本の司法行政を司る部署があります。ここには、全国の裁判所から、将来有望な裁判官が集められ、高裁や最高裁判事の候補生となります。かつて、千葉勝美さんが最高裁事務総局行政局で参事官をしていた時、菅野博之さんも事務総局行政局に所属し、千葉勝美さんのもとで働いていました。

浪江町津島地区の住民たちが起こした原発事故訴訟で住民側の代理人を務めている大塚正之弁護士は、かつて、東京高裁で判事を務めていました。最高裁事務総局に勤務した経験もあります。大塚弁護士は、千葉意見書を見たときのことをこう話します。

「千葉勝美が意見書を出してきたときに私の頭にぱっと浮かんだのが菅野博之なんです。要するに菅野は最高裁事務総局行政局で千葉勝美の指導を受ける立場で、育った人間ということです。その千葉勝美が第二小法廷に意見書を出してきたんで、これはもう結びついてるなという風に感じたんです。だから最高裁で国は勝つ、勝たせる判決が出るかもしれないというのが私の頭にずっとあって、予想通りそうなったんですよね。」

この意見書のターゲットは、最高裁の第二小法廷の判事、特に菅野裁判長（当時）だったのではないかというのです。

（2）弁護士で東京電力社外取締役、夫は財務官僚

次は、西村あさひ法律事務所と国の関係を見ていきます。西村あさひ法律事務所の新川麻弁護士は、二〇一一年から、経済産業省のエネルギー関連の八つの専門委員会で委員などを務めてきました。そして、二〇二一年、新川さんは、東京電力の社外取締役に就任しました。

新川麻さんの夫、浩嗣さんは、財務官僚です。安倍内閣では首相秘書官、菅内閣では内閣官房の気候変動対策推進室長を務めました。二二年六月からは、財務省主計局長を務めています。主計局というのは、日本の予算を編成するところです。各省庁が出してくる予算を調整して日本の予算を作り上げます。そこの局長ですから、日本の官僚の中でも、最も力を持っている人の一人と言えるでしょう。

こんな人が夫で、本人は、原子力事業を司る経産省の専門委員の常連で東電の社外取締役。こんな人が所属する法律事務所の代表経営者を一五年間やってきた草野さんが最高裁の判事になって、「国に責任はない」という判決を言い渡したのです。さらに元最高裁判事で草野さんが経営していた法律事務所の顧問・千葉勝美さんが、草野さんが所属する最高裁第二小法廷に東京電力側から意見書を出した。その千葉さんは、裁判長の事務総局時代の先輩でもあるという関係です。これで最高裁判所の「公正らしさ」が保たれていると言えるでしょうか。

4 TMI総合法律事務所と原子力規制庁、東京電力の関係

(1) TMI総合法律事務所→原子力規制庁→TMI総合法律事務所

今度は、TMI総合法律事務所と国、東京電力との関係を見ていきましょう。かつて日本には四つの巨大法律事務所があり、四大法律事務所と言われていました。近年、急速に弁護士の数を増やし、巨大事務所の一角に加わったのが、TMI総合法律事務所です。

TMI総合法律事務所に前田后穂さんという弁護士がいます。TMI総合法律事務所のウェブサイトに載っている経歴を見ると、前田さんは、二〇一七年から、原力規制庁に勤めています。その後二

〇二一年に退庁して、TMI総合法律事務所に入っています。

TMI総合法律事務所に所属するもう一人の森川久範弁護士の経歴を見ると、二〇一五年にTMI総合法律事務所に入所し、二〇一七年に原子力規制庁に移り、二〇二〇年に再びTMI総合法律事務所に戻っています。

この二人は原子力規制庁にいるとき、何をしていたのでしょうか。二人は、大井原発の差し止め訴訟、生業訴訟、千葉訴訟など原発関連訴訟で国側の代理人を務めました。生業訴訟や千葉訴訟は、福島第一原発事故での東京電力と国の責任を問う裁判です。まず疑問になるのが、原子力規制庁の職員が、福島第一原発事故で、「国に責任はない」と主張することに矛盾はないのかということです。国会事故調査委員会（国会事故調）は、福島第一原発事故における国の規制当局（原子力安全・保安院、原子力安全委員会）についてこう断罪しています。

「規制当局は原子力の安全に対する監視・監督機能を果たせなかった。専門性の欠如等の理由から規制当局が事業者の虜《とりこ》となり、規制の先送りや事業者の自主対応を許すことで、事業者の利益を図り、同時に自らは直接的責任を回避してきた。規制当局の、推進官庁、事業者からの独立性は形骸化しており、その能力においても専門性においても、また安全への徹底的なこだわりという点においても、国民の安全を守るには程遠いレベルだった。」

こうした厳しい反省の元に国は、原子力安全・保安院、原子力安全委員会を解体し、より独立性の高い規制機関として、原子力規制委員会を組織しました。原子力規制庁は、その事務局機能を担う組織です。その原子力規制庁の職員が、福島第一原発事故で「国に責任はない」と主張して良いのでしょうか。

もう一つ、疑問があります。前田さんは、二〇二一年六月に、原子力規制庁を退庁します。それまでは、津島訴訟で国側の代理人を務めていました。翌七月、津島訴訟の一審判決が出ます。津島の人々が望んだ、津島全域の除染は認められませんでしたが、国と東電の責任を認める、実質、住民勝訴の判決でした。同じ七月、前田さんはＴＭＩ総合法律事務所に入所します。津島訴訟では、国、東電側も住民側も控訴しました。住民側の大塚弁護士は、東電側の控訴の書類を見て驚きました。一審で、国側の代理人だった前田さんが、控訴審では東電側の代理人になっていたからです。

原子力規制庁は、電力会社からも政府からも独立して、原子力発電所を規制する機関です。その「規制する側」の原子力規制庁の職員が、退職直後、今度は「規制される側」の東京電力の代理人になったのです。これに問題はないのか、ＴＭＩ総合法律事務所に取材依頼を出しました。それに対して、ＴＭＩ総合法律事務所は、こう回答しました。

「同弁護士（前田弁護士）は、東京電力の訴訟代理人への就任について、原子力規制庁及び東京電力の双方から承諾を得ているとのことです。したがいまして、貴殿からご指摘いただいた問題は生じないと考えられますので、ご理解のほどよろしくお願いいたします」

これは「規制する側」、「規制される側」双方の了解の下で、前田さんが東京電力の代理人になったと認めていることになります。これで原子力規制庁は、電力会社から独立して原子力発電所を監視しているとは言えるでしょうか。

TMI総合法律事務所には、もう一人、原子力規制庁出身者が所属しています。二〇二二年に参与となった小林勝さんです。小林さんの経歴を見てみると大学卒業後、通産省（当時）に入っています。そして福島第一原発事故前の二〇〇九年、原子力安全・保安院原子力発電安全審査課耐震安全審査室長に就任しています。原発事故後の二〇一二年には、原子力規制庁安全規制管理官（地震・津波安全対策担当）に就任し、その後原子力規制庁長官官房耐震等規制総括官、原子力規制庁長官官房法務部門技術参与を歴任しています。福島第一原発事故前から後まで、一貫して、国の原子力規制機関の地震、津波対策部門の中枢にいた人です。その人が、原子力規制庁長官官房参与をやめたとたん、東京電力側の弁護人を抱えるTMI総合法律事務所の参与になったのです。小林さんはTMI総合法律事務所の参与になるにあたって、こう述べています。

「二〇一一年に福島第一原子力発電所が過酷事故に至った当時、私は、原子力安全・保安院に在籍し、原子力規制機関による安全審査の責任者のひとりとして、このような事故を二度と起こしてはならないと心に決めました。その後、新たに設置された原子力規制委員会発足時から、地震・津波安全対策担当の管理官として、人と環境を守ることを最優先に、原子力の安全管理の立て直しを、有識者の方々などの意見を拝聴しつつ進めて参りました。

このような経験を、原子力分野のクライアントの方の信頼や満足を得るような提案につなげられるよう努力させていただきます。」

ＴＭＩ総合法律事務所の弁護士は津島訴訟に限らず、九州訴訟、浪江訴訟でも東京電力の代理人を務めています。東京電力というクライアントに対し、小林さんは、どのような提案を行っているのでしょうか。

前田后穂弁護士、森川久範弁護士、小林勝参与の経歴を見てみると原子力規制庁とＴＭＩ総合法律事務所、そしてクライアントである東京電力の恒常的なつながりを疑わざるを得ません。

（2）ＴＭＩ総合法律事務所と最高裁

二〇二三年一一月から、宮川美津子さんが新しく最高裁判事になりました。これまで最高裁判事一五人の内、女性は二人でした。宮川さんが入ったことで、三人が女性となり、これは過去最多となります。このことが、新聞等では肯定的に取り上げられました。実は、宮川さんは、ＴＭＩ総合法律事務所の弁護士出身です。宮川さんの経歴を見てみると、二〇一五年エステー株式会社社外取締役就任（〜二〇二三年）、二〇一六年パナソニック株式会社社外監査役就任（〜二〇二〇年）、二〇一九年三菱自動車工業株式会社社外取締役就任（〜二〇二一年）と大企業の監査役や社外取締役を務めてきた経験の持ち主です。何よりも、複数の訴訟で東京電力の代理人を務めている法律事務所の弁護士が、最高裁判事になることで、最高裁の原発関連訴訟での「公正らしさ」は、守られるのでしょうか。

それ以外にも、ＴＭＩ総合法律事務所と裁判官のつながりはあります。東北電力女川原発差止訴訟で、差し止めを認めない判決（一九九四年）を言い渡した塚原朋一仙台地裁裁判長（当時）は、その後、知財高裁所長などを務め退職した後、ＴＭＩ総合法律事務所の顧問となりました（二〇一〇～一三年）。

福井県敦賀半島に建設された高速増殖炉もんじゅは、プルトニウムを含むＭＯＸ燃料を使うこと、そして冷却材に漏れると発火する恐れのあるナトリウムを使うことから、他の原発よりも危険であると指摘されてきました。実際に、一九九五年には、ナトリウム漏れの事故を起こしています。住民がもんじゅの設置許可無効と建設・運転差止を求めた裁判で、名古屋高裁金沢支部は、住民勝訴の判決を出しました（二〇〇三年）。原発差止裁判では日本初の住民勝訴判決です。しかし、この判決は、最高裁で覆され、住民の敗訴が決まりました。この最高裁判決を出した泉徳治第一小法廷裁判長（当時）と才口千晴判事（当時）は、最高裁判事を退職後、ＴＭＩ総合法律事務所の顧問になっています。

5　最高裁と巨大法律事務所の深い関係の結果

（1）最高裁と巨大法律事務所

これまで見てきた、最高裁判所と巨大法律事務所の関係をまとめてみると以下のことが言えます。

①最高裁の全ての小法廷に西村あさひ法律事務所、長島・大野・常松法律事務所、ＴＭＩ総合法律事務所出身の判事が配置された。

②弁護士出身最高裁判事四人のうち三人は先述した三法律事務所出身者

③全員が東京第一弁護士会に所属

この結果、今後、原発訴訟が最高裁で争われることになった場合、全ての小法廷に東京電力や国と深くかかわっている法律事務所出身の判事がいるということになります。

では、どうして巨大法律事務所出身者が、最高裁判事になっているのでしょうか。

最高裁には、裁判官畑を歩いてきた判事以外に弁護士出身者、学識経験者、外交官など様々な人たちが選ばれます。弁護士出身の判事は、日本弁護士連合会（日弁連）が、推薦名簿を内閣に提出し、その中から内閣が選びます。かつては、東京第一弁護士会に限らず、東京の他の弁護士会や大阪の弁護士会などからも判事が選ばれていました。選ばれる弁護士の傾向も、大企業の顧問を務めるような弁護士から、町場で庶民の事件を引き受ける弁護士まで様々でした。しかし、現在は、これまで見てきたとおり主に企業法務を取り扱う巨大法律事務所の弁護士が大半を占めています。これは、巨大法律事務所が、日弁連の推薦枠に自分たちの事務所所属の弁護士の名前を常に載せるだけの力を持っているということです。推薦名簿に載せれば、内閣が現在の政権に有利な判事を選ぶことができますから。

（2）急成長した巨大法律事務所

三〇年ほど前に弁護士になった友人に聞いてみると、なったばかりのころ、大きな法律事務所でもせいぜい五〇人ぐらいの弁護士しかいなかったと言います。実際に、一九九七年、西村あさひ法律事務所（当時・西村眞田法律事務所）の弁護士の数は、五五人でした（『日本のローファームの誕生と発展』より）。それが、二〇〇三年に一二三二人、二〇一〇年には、三一八人になります（当時・西村ときわ法律事務所）。そして現在は、八〇〇人を超える弁護士が所属するまでになっています（西村あさひ法律事務所ウェブサイト）。

なぜこれほど大きくなったのか。西村あさひ法律事務所に所属していた小森晃弁護士（故）はこう述べています。

「世界的な大競争時代の潮流の中で、バブル崩壊後の日本経済社会が構造的な転換を迫られ、法律の世界でも、ビジネス法の中心となる会社法、ファイナンス法、倒産法などの分野において基幹的な法制度の改革が行われ、M＆A、先端的ファイナンス取引、ガバナンス・コンプライアンスなど企業法務の分野において大規模・複雑な法律事象が増加し、これらの分野で高い専門性を有する弁護士・法律事務所に対する需要が高まった……」（『日本のローファームの誕生と発展』長島安治代表編集より）

つまり、企業がグローバル化する中で、弁護士の役割が大きく変化した。企業合併、独占禁止法対策など、多国籍企業間の競争、各国の政府対策など、非常に大きくて複雑な案件が増えてきた。それに対応するために、ビジネス専門の巨大な法律事務所が成長してきたということです。

日弁連によれば、五大法律事務所の弁護士数は、二〇二二年には二七七九人に達し、五大法律事務所の全部が、五〇〇人以上の弁護士を抱えるようになりました。一方、憲法を擁護し平和と民主主義および基本的人権を守ることを目的に一九五四年に結成された青年法律家協会（青法協）の会員数は約二五〇〇人。単純な比較はできませんが、日本で最も大きなリベラル派弁護士・法学者の団体である青法協の会員数よりも、日本上位五つのビジネス系法律事務所の弁護士数の方が多くなっているのです。

その結果、どのような事態が生まれたのか。一九七〇年代から、司法の独立の運動の先頭に立ってきた、澤藤統一郎弁護士は、以下のように述べます。

「特定の巨大法律事務所が、最高裁裁判官の給源となり、同時に最高裁裁判官の天下り先ともなっている。こうして形成された最高裁と特定の巨大法律事務所とのパイプを中心に、巨大法律事務所が、裁判所、国、企業の密接な癒着構造を形作っている。その構図が、二二年六月の国を免責する異様な最高裁判決となって顕在化したと言わざるを得ない。司法の独立の危機は、新たな段階にある。」（『法と民主主義』二〇二三年七月号より）

6　「国に責任はない」判決の影響

（1）ねじれる高裁判決

六・一七最高裁判決は、その後の原発裁判にどのような影響を与えているのでしょうか。最高裁判決後、初の高裁判決となったのが、仙台高裁で争われていたいわき市民訴訟判決（二〇二三年三月一〇日）です。判決を言い渡した小林久起裁判長は、これまで避難者に関する訴訟で、東京電力の責任を厳しく断罪する判決を出してきました。今回は、どんな判決を出したのでしょうか。

「経済産業大臣が技術基準適合命令を二〇〇二年末に発していれば……『重要機器室の水密化』及び『タービン建屋等の水密化』を構じ、本件津波が到来しても、非常用電源設備等が浸水して原子炉が冷却できなくなって炉心溶融に至るほどの重大事故が発生することを避けられた可能性は、相当程度高いものであったと認められる。」

長期評価が出された二〇〇二年に経済産業大臣が東京電力に命令して、東京電力が水密化をしていれば今回の過酷事故は避けられた可能性が高いと言っています。最高裁が、否定した「水密化」という津波対策をはっきりと認めています。さらに、

「経済産業大臣が……長期評価によって想定される津波による浸水に対する防護措置を講ずることを命ずる技術基準適合命令を発しなかったことは、電気事業法に基づき規制権限を行使すべき義務を違法に怠った重大な義務違反であり、その不作為の責任は重大であるといえる。」

国が東京電力に長期評価に基づいて、津波対策を取るよう命令しなかったことは、規制する権限を行使しなかった義務違反で、責任は重いと言っています、これは、「国に責任はある」と明確に言っているように見えます。しかし、そのあとにこうあります。

「必ず本件津波に対して施設の浸水を防ぐことができ、全電源を失って炉心溶融を起こす重大事故を防ぐことができたはずであると断定することまではできない」。

前半で国の責任を明確に認めておきながら、最後は、最高裁判決と同様に、結果として事故を防ぐ

ことができたと断定はできない、として「国に責任はない」という判決を出しました。東京電力に対して厳しい判決を下した小林裁判長の苦悩が滲むような判決です。

ある検事出身の弁護士は、こう指摘します。

「どんなに矛盾する内容でも、下級審は、結果として最高裁判決に従わざるを得ない。下級審にとって、最高裁判決は、それほど重いものなんです。」

続いて一一月二二日に、出された名古屋高裁判決でも、「長期評価」について信用性があると認め、二〇〇二年末には最大一五・七メートルの津波の到来は「予見が可能だった」としましした。そして、国が東電に対策を命じれば、対策がなされた可能性が高かったとしました。しかし、結果として予想を超える津波が来たので、対策をとっても、「事故が回避できたとは認められない」ので「国に責任はない」と結論づけました。基本的にいわき市民訴訟の判決と同じような内容と言えます。

さらに一二月に出された、「千葉訴訟第2陣」「東京訴訟」では、二〇二二年の最高裁判決のほぼコピペのような判決が出されました。二〇二四年になってから出された「山形訴訟」（仙台高裁）、「神奈川訴訟」（東京高裁）ではいずれも「国に責任はない」との判決が出ました。

六・一七最高裁判決は、「国に責任がある」との高裁判決が出された三つの訴訟と「国に責任はない」とされた一つの訴訟に対してまとめて下されました。つまり、六・一七判決前までは、高裁では三対一で「国に責任がある」という判決が多数派だったのです。しかし、六・一七判決後は、「国に責任がない」という判決が六つ続いています。

裁判官の苦悩が窺がえる判決、全く何も考えずに最高裁に従った判決などありますが、最高裁の「国に責任はない」を覆す判決は出ていません。

（2）東京電力に責任を認めさせる被害者たち

しかし、原発事故損害賠訴訟の原告たちは、着実に成果も出しています。二〇二三年七月、東京電力の幹部が、いわき市民訴訟の原告たちに面談し、小早川智明社長の謝罪文を読み上げました。

「避難された原告の皆さまに置かれましては、住み慣れた自宅や地域から離れ、不便な避難生活を送られたうえ、避難先から帰還された方も含めていわき市に居住されてきた原告の皆さまに、先の見通しのつかない不安や知覚できない放射線被ばくに対する恐怖や不安、これに伴う行動の制約や自然や社会の環境の変化等により、取り返しのつかない被害及び混乱を及ぼしてしまったことについて、心から謝罪いたします。誠に申し訳ございません。」

いわき市は、避難区域に指定されていません。いわき市民訴訟の原告も避難区域外の住民です。今回東京電力は、避難区域外に住んでいる人、避難区域外から避難した人、避難区域外から避難して戻ってきた人などを問わず区域外の人々に対して、原発事故の被害を認めて謝罪しています。現在、全国各地で争われている避難者訴訟の原告たちの多くが区域外避難者です。

さらに東電の謝罪文にはこう記されています。

「当社としては、防ぐべき事故を防げなかったことについて深く反省するとともに、二度とこのような事故を起こさぬよう安全対策を徹底して参ります」

これまで東京電力は、予測を超える津波がきて事故が起きてしまった。しかし、被害が出てしまったことは事実なので、ご迷惑をかけたことに対して謝罪しますという、過失はないけど謝罪するという態度を繰り返していきました。しかし、今回は、「防ぐべき事故を防げなかった」と述べています。これは、実質的に東京電力側に過失があったことを認めていると読み取れます。

東京電力がいわき市民訴訟の原告に謝罪した内容は、今争われているすべての避難者訴訟の判決に反映されるべきものです。

7 「私たちは、あなた方を見ています」 裁判官へのメッセージ

二〇二三年夏から毎月一七日、最高裁前に全国の原発事故損害賠償訴訟の原告たちが集まり、最高裁際に向かって、公正な裁判を求める声を上げています。また東京電力の事故当時の役員の刑事責任を問う刑事訴訟の支援者たちは、刑事訴訟が係属された最高裁第二小法廷の草野判事あてに審理から身を引く「回避」を求める署名を集めています。原告や市民が、特定の最高裁判官に、審理を降りるよう求めることは異例なことでしょう。

これまで、裁判官は、人々から直接批判されることがあまりありませんでした。その結果、裁判所の「公正らしさ」が揺らぎ始めているのではないでしょうか。私たち市民の一人ひとりが裁判官に対

し、「あなた方がどんな経歴の人間で、どんな判決をくだすか、退職した後どこにいくのか、しっかり見ていますよ」と常にメッセージを発していくことが、公正な裁判を担保するための一歩ではないかと思います。

〈参考文献〉

・後藤秀典『東京電力の変節』旬報社、二〇二三年。
・樋口英明『南海トラフ巨大地震でも原発は大丈夫だと言う人々』旬報社、二〇二三年。
・海渡雄一『原発訴訟』岩波書店、二〇一一年。

終章

「ノーモア原発公害!」をめざす市民連の取り組み

寺西俊一

1 「ノーモア原発公害市民連絡会」がスタート

二〇一一年三月に発生した東京電力福島第一原子力発電所の事故（以下、福島原発事故と略します）から一二年半余を経た二〇二三年一一月一七日、「ノーモア原発公害市民連絡会」（以下、市民連と略します）が新たにスタートすることになりました。これは、福島原発事故にともなう各種の深刻な被害を「原発公害」としてとらえ、このような悲劇を「二度と繰り返さない」という強い国民的願いの実現をめざすものです。幅広く多彩な市民の皆さんに開かれた緩やかなネットワークとして発足しました。写真は、衆議院第一議員会館の国際会議室を会場にして開催された発足記念シンポジウム当日の模様です。この記念シンポジウムには、日本各地から、会場に一〇〇名余、オンラインで一〇〇名余（計二〇〇名余）の参加者がありました。

なお、ドイツからもミランダ・シュラーズさん（ミュンヘン工科大学教授／環境政治学）がオンラインで登壇され、『原発ゼロ』か『原発回帰』か—ドイツと日本の対比から」と題した興味深い「独日対論」が行われました。ミランダさんは、あの福島原発事故後の二〇一一年四月初旬、当時のメルケル政権のもとに設置された「安全なエネルギー供給に関する倫理委員会」のメンバーとして活躍された国際的にも著名な研究者です。彼女との「対論」を通じて、この一二年半余の間にドイツでは「原発ゼロ」（「脱原発」）への着実な前進がみられるのに対し、日本では「原発回帰」（「原発再推進」）に向けた全く逆行する動きが進んでいることが浮き彫りになりました。

2　市民連の発足経緯と主な目的

では、私たちは、なぜ福島原発事故から一二年半余を経てから、前述した「市民連」を発足させることにしたのか？　それは、去る二〇二二年六月一七日に最高裁判所第二小法廷で出された判決（以下、六・一七最判と略します）での多数意見があまりにもひどい内容だったからにほかなりません。この六・一七最判は、生業第一陣訴訟、千葉第一陣訴訟、群馬訴訟、愛媛訴訟という四つの福島原発事故国家賠償訴訟における高裁判決を受けたものですが、原発事故を防ぐための規制権限を適切に行使しなかった「国の責任」を全く納得できない不当な論理で否定したものです。この判決をめぐる幾つもの問題点については、本書の各章で（とくに序章～第３章を中心に）詳しく検討されているとおりです。

また、この判決によって「お墨付き」を得たかのごとく、その後の日本政府（現岸田政権）は、原発の「最大限活用」を堂々と掲げ、世界有数の地震・津波の多発列島である日本での「原発回帰」に向けた諸政策を問答無用で強行するようになっています。これは、きわめて無謀であり、非常に危険な政策動向だと言わざるをえません。

実際、二〇二四年の元日から最大震度7の能登半島地震（マグニチュード7・6）が発生しました。この半島の西海岸沿いに立地している志賀原発の1号機と2号機は、停止中だったのが幸いでしたが、それでも変圧器の配管が破損して大量のオイルが漏れ出し、外部電源系統の一部が使用不可になるなど、あわや大事故になりうる深刻な事態が引き起こされました。さらに、とくに西海岸沿い約九〇キロにもまたがって引き起こされた最大四メートルもの沿岸隆起を含む地殻大変動がありました。そして、それにともなう各地での地割れ、液状化、地盤沈下、土砂崩れ等による主要道路網の無残な寸断がもたらされました。このため、文字どおり、一瞬にして〝陸の孤島〟となってしまった能登半島北部における輪島、志賀、珠洲、穴水などでは、家屋やビル等の全壊や半壊、そうしたなかでの多数の死傷者を含め、約三〇年前の阪神・淡路大震災を彷彿とさせる深刻な諸被害に見舞われる事態となりました。

ところで、この大きな地震は、以前から危惧されてきた複数の活断層（能登半島の北東部から南西部にかけての約一五〇キロにも及ぶ断層群）が同時的に動いたためだと専門家が指摘しています。今後、このような活断層地帯における志賀原発2号機の再稼働など、絶対に許されてはなりません（なお、1号機はすでに廃炉が決定しています）。さらにいえば、そもそも、これほどの活断層群が集中している地域において、きわめて有害な放射性物質による環境汚染をもたらすという本質的危険を抱える原発を無謀にも立地させ稼働させてきたこと自体に対して、改めて根本的な疑念を抱かざるをえないのは、私だけでしょうか？

実は、かつて関西・中部・北陸の三電力会社が、一九七〇年代後半以降、約三〇年近くにもわたって、大規模な「珠洲原発計画」を推進していました。幸いにも全国からの支援も受けた地元の方々による粘り強い反対運動によって、二〇〇三年一二月、最終的に凍結されたという歴史的経緯があります。もし、この「珠洲原発」が予定どおりに高屋《たかや》と寺家《じけ》の両地区に建設され稼働していたとすれば、今回の沿岸隆起や震度6強もの激震に直撃され、福島原発事故に並ぶ、あるいは、それ以上の恐るべき大惨事になっていた恐れが十分にあったといって過言ではありません。こうした点からみれば、二〇二三年一一月に発足させた私たち市民連の取り組みがいよいよ重要性を増しているのです。いまこそ私たちは、「ノーモア原発公害！」の声を広げ、より大きな国民的世論にしていく必要に迫られているといえるでしょう。

私たちは、以上で述べた経緯や直近の事態も踏まえて、当面、次のような三つの目的に焦点をあてた取り組みを進めていこうと考えています。

①福島原発事故を防げなかった「国の責任」を否定した最高裁の不当判決をただす。
②福島原発事故にともなう被災者の方々の人権侵害や多様な環境破壊がいまなお深刻であり、その完

全救済と原状回復を求める。
③新たな「原発公害」を広げる事故サイトのＡＬＰＳ処理汚染水の海洋放出中止、老朽原発再稼働の即時停止などを求める。

なお、これらの①②③は、二〇二三年一一月一日に公表した私たちの「ノーモア原発公害！アピール」からの抜粋ですが、とくに③については、前述した能登半島地震が突きつけた現実が「原発稼働自体の危険性」を明白に示している点を真摯に受けとめるならば、目下、日本で稼働している全ての原発を「直ちに停止すること」が緊急かつ不可避な課題だということをここに追記しておかなくてはなりません。

いずれにしろ、こうした私たち市民連の「アピール」とこれにもとづく取り組みに対しては、各界の著名人を含む多彩な顔ぶれの皆さんから〈発起人〉や〈特別賛同人〉としての連名にご承諾をいただいています。この終章の末尾に別掲した「一覧」を参照してください。そこに示されているとおり、法曹界をはじめ、自然科学・社会科学・人文科学にまたがる各学問分野における専門家や有識者、さらには宗教者、文化人、作家、音楽家、ジャーナリスト等、そして、被災地や原発立地県における多様な取り組みや長年にわたる反核運動を担ってきておられる方々など、総勢一二〇名以上が私たち市民連の発足とその主旨に賛同の声を寄せてくださっています。

3　最高裁宛の「要請書」への幅広い「賛同連名」にご協力を！

とはいえ、この市民連の取り組みは、まだ始まったばかりです。私たちは、文字どおり「開かれたネットワーク」をめざしています。前節2で略述したような市民連の取り組みの基本的な主旨に共鳴していただける方はどなたでも個人サポーターになってください。また、賛助団体も広く募っております。皆さんからのお力添えがあれば、不当な司法のあり方を是正し、政府による危険な政策動向も根本的に転換させていくことができるのではないでしょうか？

ぜひとも、一人でも多くの皆さんに、別記した具体的なご協力をたまわりたいと存じます。また、今後、可能な限りでの多面的なご支援のほど、どうか、よろしくお願い申し上げる次第です。

〈**参考文献**〉

・福島原発事後のドイツにおける「脱原発」に向けた「エネルギー転換」に関しては、とりあえず、次の文献を参照してください。ミランダ・シュラーズ著『ドイツは脱原発を選んだ』（岩波ブックレット、岩波書店、二〇一一）、寺西俊一・石田信隆・山下英俊編著『ドイツに学ぶ地域からのエネルギー転換』（家の光協会、二〇一三年）、など。

皆さまへのお願い！

NO MORE! 原発公害

サポーターや賛助団体になる

＊「サポーター」のご登録は＊

下記の「フォーム」から入力・送信をお願いします。

https://forms.gle/Wu8HuuyCA6ndX1189

＊「賛助団体」のご登録は＊

下記の「フォーム」から入力・送信をお願いします。

https://forms.gle/n7xZawh19nHbNNZ26

＊「活動支援金」や「賛助金」のお振り込み先＊

個人サポーターには、１口1000円のご寄付を、

賛助団体には、1口5000円の賛助金をお願いします。

（いずれも、複数口歓迎！）

● みずほ銀行 ●

支店名：本郷支店（店番号075）

口座番号：4222638

口座名義：ノーモア原発公害市民連絡会

私たちの運動は始まったばかりです。
皆さまには次のようなご協力をいただければ、幸いです。
長い闘いを続けるには多額の資金が必要です。
個人の方はサポーターになって、
活動を支えていただけないでしょうか。
賛助団体も募っています。

最高裁に提出する「要請書」へのご賛同

原発事故に関する国の責任を認めなかった
「6.17最高裁判決」をただすよう、
市民連としての「要請書」を
最高裁に提出します。
市民連ホームページ等でお知らせしていますが、
皆さまには、ぜひ、この「賛同連名」にご協力ください！
併せて「ネット署名」も行なっていますので、
よろしくお願いします。

［付記］
この終章に関する詳しい情報や資料等については、
「ノーモア原発公害市民連ＨＰ」をご参照ください。
https://www.genpatsu-kogai.net

「ノーモア原発公害市民連絡会」〈発起人〉一覧　五十音順

＊氏名	＊所属・肩書／専門分野等
礒野弥生	東京経済大学名誉教授／環境法学・行政法学
磯村健太郎	ジャーナリスト
伊東達也	原発問題住民運動全国連絡センター代表委員
井原　聡	東北大学名誉教授／科学史・技術史
大坂恵里	東洋大学教授／環境法学・民法学
大島堅一	龍谷大学教授／環境エネルギー政策学
大森正之	明治大学政治経済学部教授／環境経済学
大山勇一	日本民主法律家協会事務局長
小田川義和	全国革新懇代表世話人
小野寺信一	仙台弁護士会・女川原発差止め訴訟弁護団
小野寺利孝	福島原発被害弁護団・津島原発訴訟弁護団
海渡雄一	元日本弁護士連合会事務総長
金平茂紀	ジャーナリスト
鎌田　慧	ルポライター
河合弘之	脱原発弁護団全国連絡会共同代表
川杉元延	下町人間の会理事長
岸本啓介	全日本民主医療機関連合会事務局長
木村　結	東電株主代表訴訟原告団代表
窪田亜矢	東北大学大学院工学研究科教授／都市工学
國分富夫	原発事故被害者相双の会
後藤秀典	ジャーナリスト
後藤政志	元東芝・原発設計技術者
坂本充孝	東京新聞編集委員
笹山尚人	福島原発被害弁護団
佐高　信	評論家
下山憲治	早稲田大学教授／行政法学
白井　劍	元全国公害弁護団連絡会議幹事長
菅波　完	高木仁三郎市民科学基金事務局長
鈴木堯博	元日本弁護士連合会公害対策委員会委員長
角田季代子	建設交運一般労働組合中央執行委員長
関　礼子	立教大学教授／環境社会学
成　元哲	中京大学教授／環境社会学
立石雅昭	新潟大学名誉教授／地質学
丹治杉江	ヒロシマナガサキビキニフクシマ「伝言館」事務局長
寺西俊一	一橋大学名誉教授／環境経済学
寺山邦裕	原発ゼロをめざす台東連絡会代表

長島光一　帝京大学専任講師／民事訴訟法学
中野直樹　いわき市民訴訟弁護団・生業訴訟弁護団
永田浩三　武蔵大学社会学部教授／メディア社会学
橋本良仁　公共事業改革市民会議代表
長谷川公一　東北大学名誉教授／環境社会学
伴　英幸　原子力資料情報室共同代表
平松真二郎　福島原発被害弁護団
藤村記一郎　作曲家
藤本泰成　原水爆禁止日本国民会議共同議長
冬木勝仁　宮城県生協連会長理事
満田夏花　国際環境NGO Friend of Earth Japan 事務局長
宮腰直子　福島原発被害弁護団
持田繁義　原発問題住民運動全国連絡センター筆頭代表委員
安井正和　原水爆禁止日本協議会事務局長
山田大輔　福島原発被害弁護団
除本理史　大阪公立大学教授／環境経済・政策学
吉岡達也　ピースボート共同代表
吉村良一　立命館大学名誉教授／民法学

二〇二四年一月一五日現在：計五四名

「ノーモア原発公害市民連絡会」〈特別賛同人〉一覧　五十音順

*氏名　*所属・肩書／専門分野等

青木秀樹　元日本弁護士連合会公害環境委員会委員長
浅岡恵美　弁護士・気候ネットワーク理事長
浅子薫衣　医師
葦名ゆき　弁護士・元相馬ひまわり基金法律事務所初代所長
淡路剛久　立教大学名誉教授／民法学・環境法学
飯田哲也　環境エネルギー政策研究所所長
井澤　智　東京地方労働組合評議会事務局長
石田直道　全国トンネルじん肺根絶訴訟原告団事務局長
池内　了　名古屋大学名誉教授／天文学・宇宙物理学
石山久男　子どもと教科書全国ネット21代表委員／近現代史・歴史教育
伊藤　真　伊藤塾塾長・弁護士・法学館憲法研究所所長
岩田研二郎　弁護士・自由法曹団団長
牛山　積　早稲田大学名誉教授／民法学

海老名香葉子　エッセイスト
大川真郎　元日本弁護士連合会事務総長
小村公次　音楽評論家
門野　博　弁護士・元東京高等裁判所判事
岸本紘男　原発被害者訴訟支援全国ネットワーク
木谷　明　弁護士・元裁判官
木村真三　独協大学医科大学准教授／放射線衛生学
久保井一匡　弁護士・元日本弁護士連合会会長
黒川眞一　加速器研究機構ＫＥＫ名誉教授
古賀茂明　政治経済評論家
小島延夫　元日本弁護士連合会公害環境委員会委員長
今野順夫　福島大学名誉教授／労働法学
斉藤とも子　俳優・社会福祉士・介護福祉士
坂本光司　元法政大学大学院政策創造研究科教授
櫻井勝延　「脱原発をめざす首長会議」世話人・前南相馬市長
佐々木寛　新潟国際情報大学教授／政治学・平和学
柴田桂馬　原水爆禁止東京協議会顧問
清水謙一　建設アスベスト全国連絡会事務局長
鈴木達治郎　長崎大学教授／原子力工学
鈴木　浩　福島大学名誉教授／建築学
関島保雄　全国公害弁護団連絡会議代表委員
髙村　薫　作家
辻内琢也　早稲田大学人間科学学術院教授・災害復興医療人類学研究所長
妻波俊一郎　元日本弁護士連合会公害環境委員会委員長
寺井一弘　元日本弁護士連合会事務総長・元日本司法支援センター理事長
中下裕子　元日本弁護士連合会公害環境委員会委員長
中島　晃　全国公害弁護団連絡会議代表委員
中嶌哲演　明通寺住職
中杉喜代司　全国公害弁護団連絡会議代表委員
仲築間卓蔵　民放関東シニアの会会長・マスコミ九条の会呼びかけ人
中山武敏　狭山事件主任弁護人・東京大空襲訴訟弁護団長
新倉　修　青山学院大学名誉教授・日本民主法律家協会理事長
西村隆雄　全国公害弁護団連絡会議代表委員
晴山一穂　福島大学名誉教授・専修大学名誉教授／行政法学
樋口英明　元福井地方裁判所判事部総括判事
平尾道雄　「脱原発をめざす首長会議」世話人／米原市長
藤原猛爾　元日本弁護士連合会公害環境委員会委員長

堀野　紀　元日本弁護士連合会事務総長
前田裕司　弁護士
馬奈木昭雄　全国公害弁護団連絡会議代表委員
水野武夫　元日本弁護士連合会公害環境委員会委員長
三上　元　「脱原発をめざす首長会議」世話人／前湖西市長
三原由起子　歌人
宮本憲一　大阪市立大学名誉教授／経済学・財政学
明賀英樹　元日本弁護士連合会事務総長
三輪純永　うたごえ新聞社編集長
武藤類子　原発事故被害者団体連絡会代表
村上達也　「脱原発をめざす首長会議」世話人・元東海村村長
村松昭夫　全国公害弁護団連絡会議代表委員
山口栄二　ジャーナリスト
山本英司　元日本弁護士連合会公害環境委員会委員長
吉川方章　原発訴訟支援首都圏連代表世話人
吉田千亜　フリーライター
吉野高幸　全国公害弁護団連絡会議代表委員
米倉　明　東京大学名誉教授／民法学
米山淳子　新日本婦人の会会長
渡辺一枝　作家

二〇二四年一月二五日現在：計七〇名

あとがき

福島原発事故後の二〇一二年五月から約二年、日本は原発稼働ゼロで電力をまかないました。東日本では、二〇二四年一月現在も原発稼働ゼロです。しかし、一月一日の能登半島地震のあとも、新潟県の柏崎刈羽原発、宮城県の女川原発で再稼働に向けた動きは止まりません。

福島原発事故から一三年、再生可能エネルギー発電促進賦課金を負担して脱原発のエネルギー転換に協力してきたはずの私たちは、再び原発依存社会へと逆行する道程を歩まされようとしています。

国内で進められる原発再稼働、原発輸出のための原発メーカーの英米原発会社買収と失敗、たびかさなる福島原発の汚染水漏れとALPSで処理された汚染水の海洋放出の実施、そして施行がせまるGX法で、六〇年を超えた老朽原発の稼働が可能になります。廃炉原発の敷地内に新型原発を建設する方針も示されています。

当然、安全性に対する疑問が浮かんできます。地震活動には周期性があり、現在は地震活動期に入っています。ロシアのウクライナ侵攻では原発も軍事攻撃の標的になりました。北朝鮮からのミサイルにJアラートも運用されています。他方で、地震でも事故は起こらなかった、ミサイルは迎撃可能であるなど、むくむくと新しい「安全神話」が首をもたげてきています。

福島原発事故について「国に責任はない」という六・一七最高裁判決は、国が原発を推進し、事故の責任は電力会社が背負うという構図を正当化しました。国が規制権限を行使しても行使しなくても過酷事故が起こるという無責任体制が是認されるのであれば、だれが原発の安全性に責任を持つのでしょうか。

原発がなくてもエネルギーの安定供給は可能です。それでもあえて国のエネルギー政策として原発を最大限活用するというならば、国が安全性に対する法的責任を負うべきでしょう。これは感情の問題ではありません。論理の問題なのです。

本書が示してきたように、六・一七最高裁判決は法的にも問題を抱えています。この判決を判例として残すことは、将来に禍根を残します。公害問題では、公害対策は経済発展との調和のもとで果たされるべきという「経済調和条項」が被害を拡大したという反省から、国民の生命や健康、環境の保全が経済に優先するという考え方に転換してきました。六・一七最高裁判決が不正義であると訴えることは、国民の生命や健康、環境の保全こそが原発に優先するのだという「当たり前」を実現する第一歩になるのです。

二〇二四年二月　編者を代表して

関　礼子

〈著者紹介〉（五十音順、＊は編者）

吉村良一（よしむら・りょういち）＊
立命館大学名誉教授。京都大学法学部卒業。立命館大学法学部、同法科大学院にて、民法及び環境法を担当。日本環境会議・福島原発事故賠償問題研究会代表。著書に『政策形成訴訟における理論と実務』（日本評論社、２０２１年）、『不法行為法（第6版）』（有斐閣、２０２２年）など。

下山憲治（しもやま・けんじ）
早稲田大学法学学術院教授。早稲田大学大学院法学研究科博士後期課程退学。福島大学、東海大学、名古屋大学、一橋大学で行政法、環境法を担当。著書に『リスク行政の法的構造』（敬文堂、２００７年）、共編著に『原発事故被害回復の法と政策』（日本評論社、２０１８年）など。

樋口英明（ひぐち・ひであき）
京都大学法学部卒業。司法修習第35期。福岡・静岡・名古屋等の地裁・家裁の判事補・判事、大阪高裁判事、名古屋地家裁半田支部長、福井地裁判事部総括判事を歴任、名古屋家裁部総括判事で定年退官。関西電力大飯原発の運転差止判決、関西電力高浜原発の再稼働差止仮処分決定を出した。著書に『私が原発を止めた理由』（旬報社、２０２１年）、『南海トラフ巨大地震でも原発は大丈夫と言う人々』（旬報社、２０２３年）。

長島光一（ながしま・こういち）
帝京大学法学部准教授。明治大学大学院法学研究科博士後期課程単位取得退学。著書に『環境法―将来世代との共生』（共編著、成文堂、２０２３年）、『裁判例にみる自転車事故の損害賠償』（共著、保険毎日出版社、２０２２年）、『ネット企業はなぜ免責されるのか―言論の自由と通信品位法２３０条』（監修、みすず書房、２０２１年）など。

若林三奈（わかばやし・みな）
龍谷大学法学部教授。立命館大学法学研究科博士課程後期課程単位取得退学、京都学園大学法学部専任講師、助教授等を経て現職。専門は民法、損害賠償法。著書に『原発事故被害回復の法と政策』（共著、日本評論社、２０１８年）等。

関　礼子（せき・れいこ）＊
立教大学社会学部教授。専門は社会学（環境社会学・地域環境論）。公害問題、開発と自然保護問題、福島原発事故問題

などを調査・研究。著書に『福島からの手紙——十二年後の原発災害』（編著、新泉社、２０２３年）、『語り継ぐ経験の居場所——排除と構築のオラリティ』（編著、新曜社、２００３年）など。

除本理史（よけもと・まさふみ）
大阪公立大学教授。専攻は環境政策論、環境経済学。公害の補償と地域再生、原発賠償と福島復興政策などを研究。著書に『「地域の価値」をつくる——倉敷・水島の公害から環境再生へ』（共編著、東信堂、２０２２年）、『きみのまちに未来はあるか？——「根っこ」から地域をつくる』（共著、岩波ジュニア新書、２０２０年）、『公害から福島を考える——地域の再生をめざして』（岩波書店、２０１６年）など。

長谷川公一（はせがわ・こういち）
尚絅学院大学特任教授、東北大学名誉教授。東京大学文学部卒業、同大学院博士課程単位取得退学。東北大学文学部・同大学院で環境社会学などを担当。著書に『環境社会学入門』（筑摩書房、２０２１）、共編『原発震災と避難』（共編、有斐閣、２０１７）, Beyond Fukushima: Toward a Post-Nuclear Society, （Trans Pacific Press, ２０１５）、『脱原子力社会へ』（岩波書店、２０１１年）など。

大島堅一（おおしま・けんいち）
龍谷大学政策学部教授。一橋大学大学院経済学研究科博士後期課程単位取得退学、経済学博士。環境経済学、環境・エネルギー政策専攻。高崎経済大学、立命館大学を経て現職。著書に『炭素排出ゼロ時代の地域分散型エネルギーシステム』（日本評論社、２０２１年、共編著）、『カーボンニュートラルの経済分析』（日本評論社、２０２４）年、共編著）等。

後藤秀典（ごとう・ひでのり）
ジャーナリスト。ＮＨＫ「消えた窯元10年の軌跡」、「分断の果てに〝原発事故避難者〟は問いかける」（貧困ジャーナリズム賞）などを制作。著書に『東京電力の変節——最高裁・司法エリートとの癒着と原発被災者攻撃』（旬報社、２０２３年、貧困ジャーナリズム大賞）、「東京電力11年の変節」（連載、岩波書店『世界』）など。

寺西俊一（てらにし・しゅんいち）＊
一橋大学名誉教授。京都大学経済学部卒業、一橋大学大学院経済学研究科博士課程単位取得退学。一橋大学経済学部・同大学院経済学研究科にて、環境経済学・環境政策論・環境経済研究を担当。日本環境会議代表理事・理事長。『環境と公害』誌（岩波書店刊）編集代表。著書に『環境経済学』（共著、有斐閣、１９９１年）、『地球環境問題の政治経済学』（東洋経済新報社、１９９２年）、『新しい環境経済政策）』（編著、東洋経済新報社、２００６年）など。

ノーモア原発公害
最高裁判決と国の責任を問う

2024年3月25日　初版第一刷発行

編者……………吉村良一・寺西俊一・関 礼子
ブックデザイン……………welle design

発行者……………木内洋育
発行所……………株式会社 旬報社
〒162-0041 東京都新宿区早稲田鶴巻町544
TEL 03-5579-8973　FAX 03-5579-8975
ホームページ https://www.junposha.com/

印刷・製本……………中央精版印刷株式会社

ISBN978-4-8451-1885-4